古埃及发明简史

〔英〕海伦·斯特拉德威克 总编辑
刘雪婷 谭琪 等译

上海科学技术文献出版社
Shanghai Scientific and Technological Literature Press

图书在版编目（CIP）数据

古埃及发明简史 /（英）海伦·斯特拉德威克总编辑；刘雪婷等译．—上海：上海科学技术文献出版社，2021（2022.9重印）
（图像里的古埃及）
ISBN 978-7-5439-8231-4

Ⅰ．①古… Ⅱ．①海… ②刘… Ⅲ．①创造发明—技术史—埃及—古代—普及读物 Ⅳ．① N094.11-49

中国版本图书馆 CIP 数据核字 (2020) 第 239181 号

图字：09-2020-963

策划编辑：张　树
责任编辑：苏密娅
封面设计：樱　桃

古埃及发明简史
GU'AIJI FAMING JIANSHI
[英]海伦·斯特拉德威克　总编辑　刘雪婷　谭　琪　等译
出版发行：上海科学技术文献出版社
地　　址：上海市长乐路 746 号
邮政编码：200040
经　　销：全国新华书店
印　　刷：常熟市文化印刷有限公司
开　　本：720mm×1000mm　1/16
印　　张：11.25
版　　次：2021 年 1 月第 1 版　2022年 9月第 2次印刷
书　　号：ISBN 978-7-5439-8231-4
定　　价：58.00 元
http://www.sstlp.com

目录

CONTENTS

科学技术

古埃及的经济主要依赖农业生产，而它的农业生产几乎完全依靠尼罗河一年一次的河水泛滥，既灌溉农田又更新贫瘠的土壤。因此，很久以前，古埃及人就发明了一套相对来说比较精确的历法，根据这套历法，他们可以预测尼罗河涨水的时间。他们还总结出了一套测量洪水实际高度（标志着洪水泛滥程度）的方法，据此预测第二年的农作物的产量。

实际应用

尼罗河是古埃及的主要交通通道。人们在埃及的各个历史时期都发现了造船厂的遗迹。尼罗河从南流向北贯穿埃及，因此，人们可以很方便地顺流而下往北方运送货物，同时，从北方吹来的季风让人们又很容易地坐船南行。利用这种方法，古埃及人可以很轻松地将大量的建筑用石送到目的地。

古埃及的数学用于几何体计算，这很可能是为了满足计算土地的面积和建筑用石的体积等实际需要。有很多流传至今的莎草纸书上的记载就充分显示了古埃及数学家们解决问题的能力。其中有一张莎草纸上甚至记载了用来计算未完工的金字塔体积的很复杂的方法。

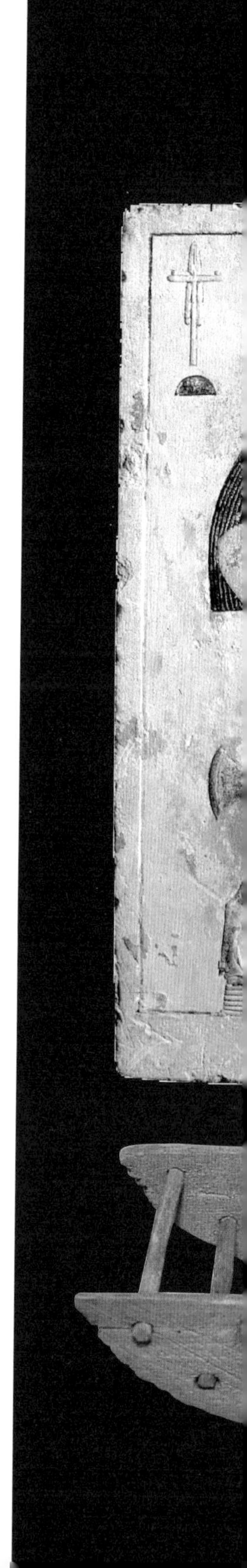

▼ 先进的想法

古埃及科学技术的几个例子，包括：（顺时针从上往下）一套复杂的记数系统；古埃及人用专门的符号来表示10的幂次；精确的秤或者天平；可以运送大块石头的木质雪橇

水位测量标尺

尼罗河水的泛滥使得古埃及人的生活很有规律。为了精确测量尼罗河水泛滥的程度，古埃及人发明了水位测量标尺。这是一种简单但是很有效的测量工具，即使是在法老时代结束后的很长一段时间里，还一直被埃及人广泛使用。

由于降雨稀少，直到1964年阿斯旺大坝建成以前，埃及人一直都是依靠尼罗河的河水来灌溉农业土地。不同的年份，尼罗河水涨潮程度不同，有时水量不足，有时水量正常，有时可能会发生灾难性的大泛滥。随着每年尼罗河水量的变化，这个国家时而兴旺繁荣，时而灾难连连。

每年的初夏，古埃及人都要测量尼罗河水位的升高情况，他们利用的工具是岸边通过管道与尼罗河相连的水井。这是一种倾斜的水井，古埃及人在水井上面的建筑里修建了与水井连通的楼梯。楼梯的作用一方面是作为连接岸上与水井的通道，另一方面是作为刻度尺来测量水位。

◀ **水位测量标尺的取水**

水位测量标尺或者直接利用尼罗河的河水，比如像岛上的这个标尺；或者利用地下水，比如卡纳克（Karnak）神庙里的标尺

► **水位测量标尺的通道**

通往水井的楼梯是由石灰岩制成的，古埃及人把它们建造得很精细，因为阶梯的深度提供给他们一种测量水深的方法。官员们可以通过水面由地面到水井中的阶梯数量来估算洪水的强度

▼ **神庙里的水位测量标尺**

对像卡纳克这样的神庙，古埃及人通常在里面建造水位测量标尺，这样使得它们既有宗教用途也有实际用途。水位测量标尺是墓碑和太古之海之间象征性的纽带。古埃及人用神努恩（Nun）代表太古之海，祈求洪水的仪式就在神庙里面举行

通过水位测量标尺得到的有关洪水强弱程度的信息由文书送到皇家档案室。如果出现特别高或者特别低的水位时，他们通常会在水位测量标尺的墙上标记出来。这些资料使得国家能够观察这一年中洪水的变化，而且如果有必要的话，可以提前采取措施来避免第二年有可能因为长时间的干旱或者大洪灾引起的饥荒。水位测量标尺也为官员们提

▼ **充分灌溉**

通过建造网状的堤坝和沟渠，古埃及人可以利用由水位测量标尺提供的早期预警系统来预测尼罗河水的升高情况。在这个系统中，堤坝的作用是阻挡水的流动，沟渠的作用是在需要的时候排水。当洪水到达最高水平16肘尺（古代的一种长度测量单位，是指从中指指尖到肘部的长度，在43~56厘米间——译者注）的时候，堤坝的门就会被打开，释放出洪水，淹没大片的土地

供了预测洪水往内陆推进多远、哪些地方会被洪水淹没的方法，使得他们能够估计第二年的农作物产量，以此来计算第二年的税收以及需要储存的谷物数量。

水位测量标尺在古埃及的经济发展中扮演着如此重要的角色，因而其维修工作就成了负责它们的机构乃至整个国家的重要责任。

▼ 水位测量标尺的内部

地下通道和网状分布的水渠是通向测量和维护地点的通道。每次洪水过后，水渠里面的淤泥都必须被清理干净

一个伊斯兰风格的水位测量标尺

这个水位测量标尺是705—715年间由地方哈里发建造的。它坐落于尼罗河中的一个小岛上，这个岛名叫哈德拉（Gezira el-Khadra）岛，位于开罗附近。这个标尺在9世纪时重建，11世纪时恢复了原貌。

▼ 一种新的测量方法

哈德拉岛上的这个伊斯兰风格的水位测量标尺的独特之处在于，它的测量刻度不是一系列阶梯，而是水井中央的一个大理石圆柱。圆柱上面是一根54厘米的水平横梁，整个装置的上方是一个伊斯兰风格的穹顶

科林斯式的大写字母位于柱子顶上，它的正上方是横梁

这一深井通过一系列的地道最终与尼罗河相连通，井水的高度就反映了尼罗河水的高度

这根圆柱以肘尺为单位按顺序做了标记，这样人们就很容易读出水的高度

知识窗

一个基本模型

所有用石头制成的水位测量标尺都是遵照一个基础模型制作的：一口与尼罗河连通或者通过一系列的地道与承雨线脚相连通的水井，一部通往水平面同时又可以测量水高度的楼梯。

在实际应用中还有几处变化：水井有时候是长方形的井筒或隧道，有时候以圆形的深坑（如下图所示，该深坑位于坦尼斯）替代；楼梯可以是垂直的，也可以是螺旋状的。

现在，还能看到一些荒废的古埃及水位测量标尺遗迹，它们是神庙中具有代表性的建筑。其中一处位于哈布城（Habu）的麦迪那（Medinet），在卢克索（Luxor）河的对岸（如下图所示）。还有一处位于三角洲的坦尼斯。

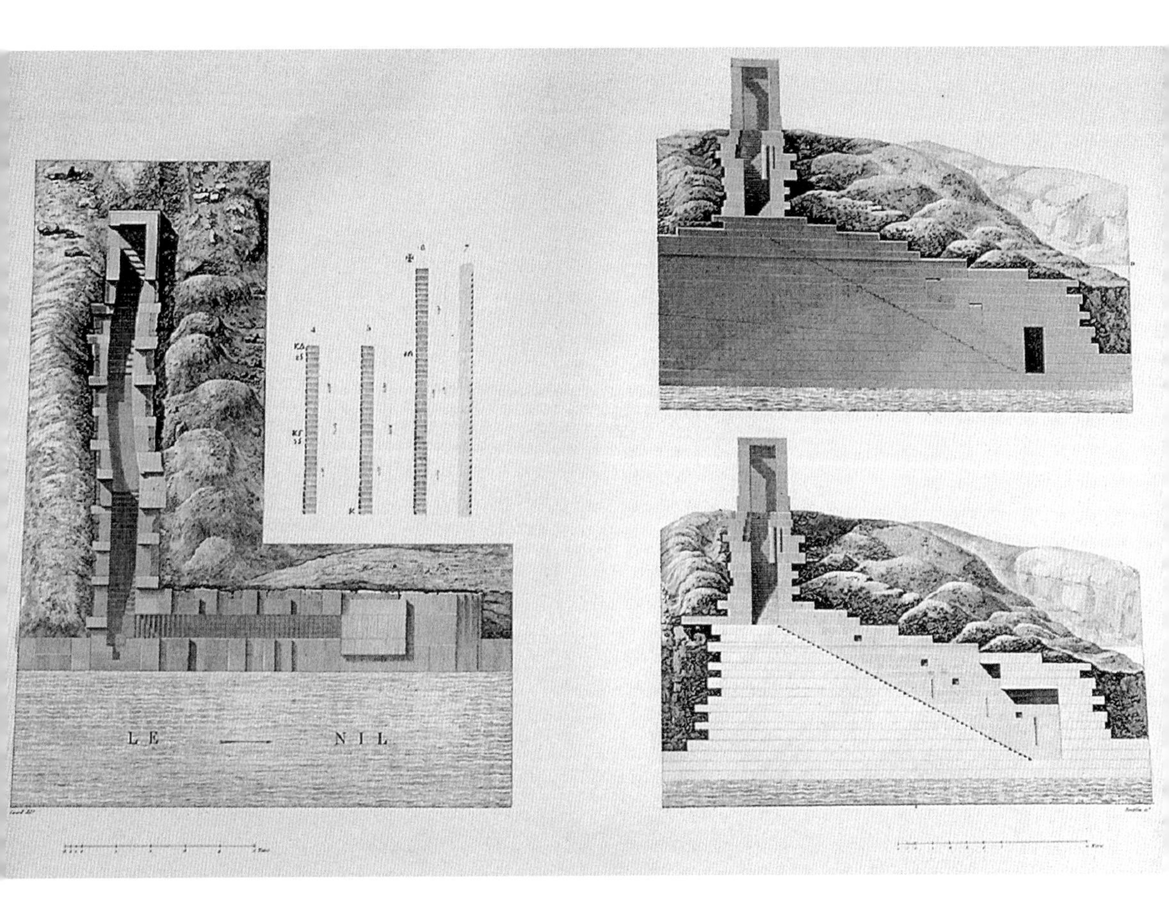

▲ 象岛上的水位测量标尺

在公元前27—前26年，古希腊地理学家划船沿尼罗河而行，访问了阿斯旺城。他在附近的象岛上发现了一个水位测量标尺，并留下了一份记录："这一水位测量标尺位于尼罗河岸边，是用装饰精美的石头精心制作的。由于井里的水随着尼罗河的水位而起落，所以上面刻着标记，可以分别表示最高、平均以及最低的水位。"考古学家认为这并不是可供今人参观的象岛的水位测量标尺，而是发现于东南的克奴姆神（Khnum）神庙的一个水池。克奴姆神长着一个公羊头，他最主要的礼拜中心就在这个岛上

古埃及天文学

在古埃及人眼中，夜晚的天空是使他们迷惑不解的奇观之一，他们认为那是神仙居住的地方。天文学也是一种很重要的实用技能，古埃及人利用它来标记季节的变换、确定墓碑的方向以及举行宗教仪式的时间。

从很早的时候开始，学习天文学就是古埃及祭司们的特权，他们在寺庙学校里学习有关太阳、月亮、行星的运动和星星的方位等天文学知识。

从本质上来说，古埃及人学习这些天文学知识是为了实际应用，与揭开宇宙的秘密相比，他们更多的是用来标记过去的时间、每年的季节和每天的时间。对古埃及的农业来说，有关季节变化和洪水威胁的知识是极其重要的，天文学知识则赋予了那些天文学家（祭司）很大的权力。

▼ **星象图**

这种形式固定的图案描述的是夜晚的天空，经常用来装饰寺庙和王室墓葬的穹顶。这幅图案来自埃及法老阿蒙霍特普二世（公元前1427—前1400年在位）的坟墓

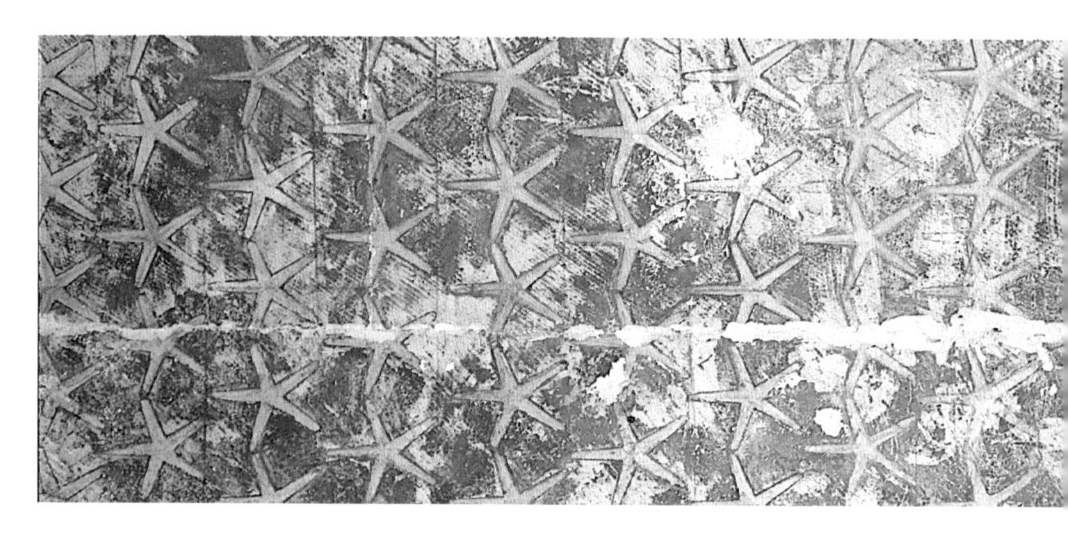

时间和地点

每天晚上，当太阳下山的时候，两位祭司就坐在一座寺庙的屋顶上来标记夜晚的时间。他们一个坐北朝南，一个坐南朝北，面对面而坐。他们用来标记时间的工具只是一根简单的铅垂线，用来确定垂直方向。两个人互以同伴作为参照物来观察星星的移动。当星星移动到天文表中所记载的一个位置时，这两位祭司就同时大声说出新的1小时。因为古埃及人把夜晚分成相同的12份，所以夏天晚上的1小时相对来说要短一些。

在每一座重要的建筑开工之前，比如金字塔或者寺庙，祭司都要去实地调查，以便进行天文观测，他们能够根据罗盘测量得到的精确结果来调整建设规划。

◀ **阿恩，一个祭司和天文学家**

阿恩是法老阿蒙霍特普三世（公元前1390—前1352年在位）的姐夫。在这幅雕像中，他身穿祭司的豹皮外衣，衣服上的星星图案能够证明他天文学家的身份。阿恩曾经做过古埃及的首席观星相师

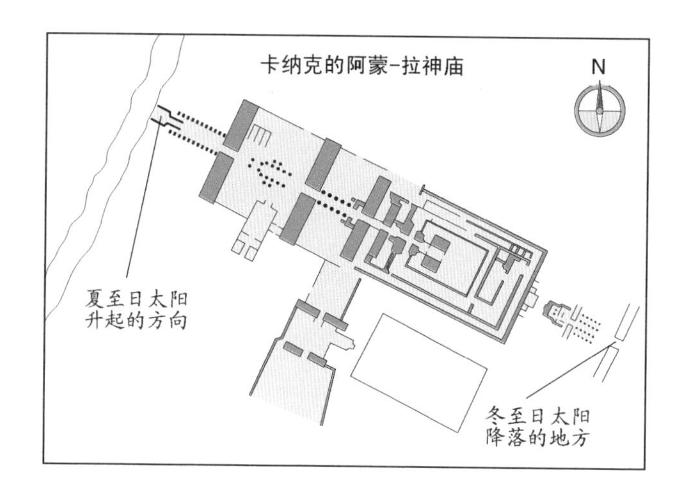

◀ **神庙平面图**

和古埃及绝大多数神庙一样，在位于卡纳克的阿蒙－拉神庙内，有一条平行于太阳轨迹的中轴线，也就是说，平行于6月份夏至日太阳升起的方向和12月份冬至日太阳降落的方向的连线。神殿坐落于东南方向，它的入口在西北方向

▼ **阿布辛贝神庙的前厅**

神庙的地址之所以选择在阿布辛贝，是因为天文学家在这里能够进行精确的天文观察。建造者们将祭师指定的尼罗河岸边上的悬崖凿空，建造了这座神庙。拂晓的阳光通过走廊照到神像上，这条走廊连接着神庙入口和神殿内部，有60米长。建筑师通过精确的计算让这条走廊平行于太阳轨迹的方向，是为了确保一年中只有这两天的光线能够照射到神殿内

阳光穿过神庙前厅到达神殿内

▼ 阿布辛贝（Abu Simbel）神庙里的神殿

在阿布辛贝神庙的中央有一个神殿，这个神殿每年仅有两天能够被早晨升起的太阳照射到，一天在2月份，另一天在10月份。据推测，这两天分别是为了纪念法老拉美西斯二世的生日和加冕日。圣殿里有4座雕像，当太阳光逐渐移动到神殿内时，法老拉美西斯二世的守护神拉-赫拉克提（Ra-Horakhty）和阿蒙-拉（Amun-Ra）的雕像就能够沐浴在太阳光中。而守护神彼特是一个创世神，但由于角度问题，他的雕像总是有一部分被阴影遮住

彼特（创世神）：建造神庙的工匠的守护神，部分被阴影遮住

拉美西斯二世（公元前1279—前1213年在位）的雕像在阿蒙-拉和拉-赫拉克提之间，阿蒙-拉的头上戴着一顶用羽毛装饰的高高的头饰

欧西里斯柱子对称排列在神庙前厅中轴线的两侧，上面有法老拉美西斯二世的雕像

雕饰中刻有拉美西斯二世的名字

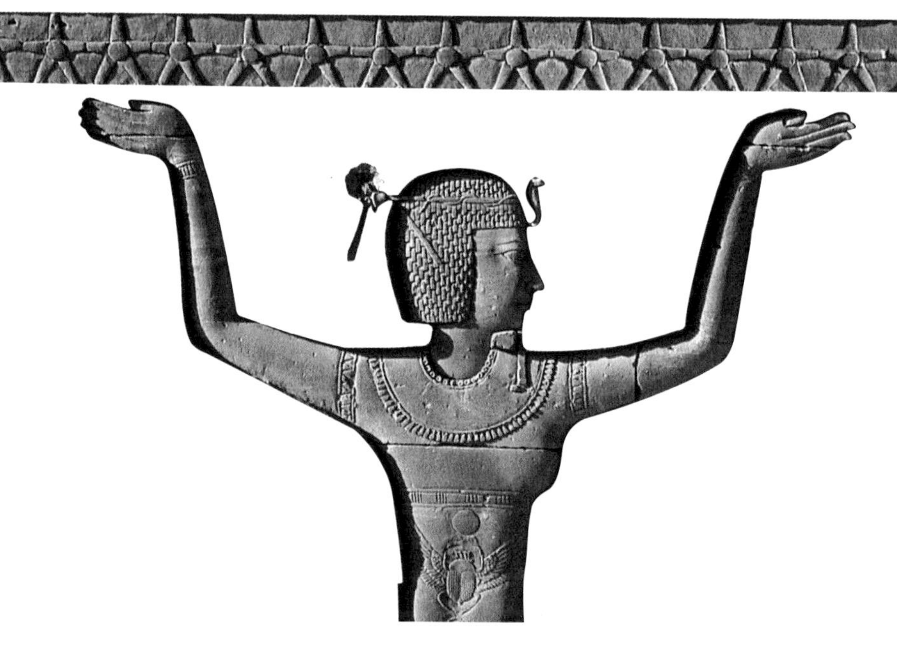

▲ **天的支柱**

在哈索尔神庙的穹顶上画着一幅纪念欧西里斯及其重生的壁画，壁画的内容是一片夜空，4根雕刻成女神的柱子撑起了这片夜空。这座位于登达拉城的神庙从托勒密二世时期的公元前54年就开始建造。在他去世后，由他的女儿克利奥帕特拉（Cleopatra，公元前51—前30年在位）负责继续建造，克利奥帕特拉去世后则是由罗马帝国继续建造

◀ **拉美西斯九世的坟墓**

在拉美西斯九世（公元前1126—前1108年在位）的墓室穹顶上描绘的就是夜晚的天空，其形状为天空女神努特的形状。女神吞噬了傍晚降落的太阳，太阳穿过她的身体后在第二天早上再次升起

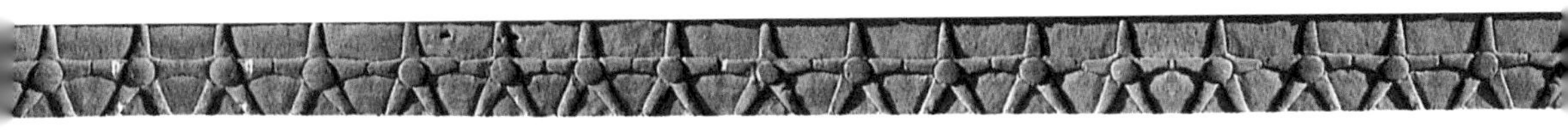

▼ **多柱式建筑大厅的天花板**

在登达拉城的爱神哈索尔神庙内，十二宫图并不是唯一一幅描述天体球状的图案。在多柱式建筑大厅的穹顶上同样描绘有类似的图案。下图描述的是太阳和月亮穿越天空的轨迹

极其精美的绘画

在所有绘有天文学图案的穹顶中，最著名的一个可以追溯到公元前1世纪，它来自登达拉城的爱神哈索尔神庙。早在那个时候，古埃及人就已经吸收了古希腊的天文学思想。这幅穹顶绘画包括巴比伦的十二宫图和古埃及人的星座、行星、日食、月食。

▶ 根据十二宫的描述推算日期

在登达拉神庙发现的十二宫图最早出现于哈索尔神庙某个供奉欧西里斯神的庙室穹顶装饰中，1821年被带到法国，现陈列在巴黎卢浮宫博物馆中。图案中对星星的标记一部分是古埃及风格，另一部分是古希腊风格。行星被描绘成各个神仙，根据行星的位置，现代天文学家们能够相对精确地推测出这幅绘图所描绘的日期：公元前50年8月12日至21日之间。图案中的月食发生于公元前52年9月25日，日食发生于公元前51年4月7日

天秤宫，古埃及人所采用的符号与现代人相同，是一个称重的秤

天蝎宫，在夜空的南半球，古埃及人一直用一只蝎子来表示

土星，古埃及人用牛头人身表示土星，被称为“公牛赫鲁斯”

塔瓦瑞特，是一只河马，古埃及人用它表示天龙宫，天龙宫围绕着北天极旋转

一个年轻的女人，手里拿着一根麦穗，古埃及人用她来表示室女宫

水星，古埃及人把他画成赛贝古（Sebegu）的形状。赛贝古是和塞特有关的神，他紧挨着圣甲虫站在一头狮子上。狮子象征着狮子座，而圣甲虫在现代黄道十二宫中，是表示巨蟹宫的符号

豺狼，古埃及人用它来表示位于夜空正中包含北极星的星座，而不是用现在人们所用的熊

驳船上的一头母牛，古埃及人用它来表示天狼星——夜空中最亮的星星。古埃及人认为天狼星上住着索普特（Sopdet）和索提斯（Sothis）两个神仙。每年7月份，天狼星在每天黎明前升起，这代表着一年的开始，并且预示着尼罗河涨潮的到来

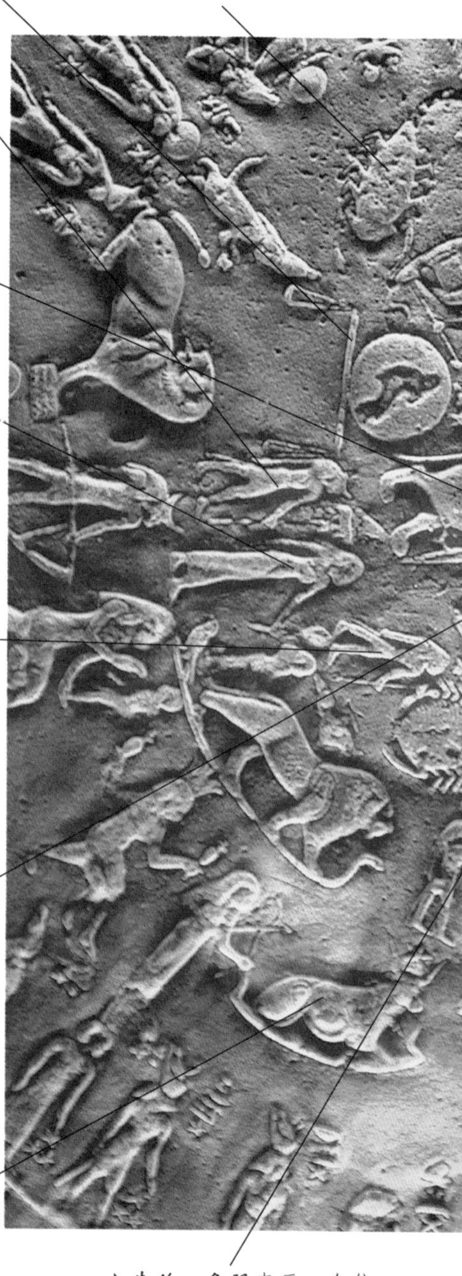

公牛的一条腿表示一个位于天极附近的星座，就是我们现在所说的大熊座北斗七星

希腊人的影响：在黄道十二宫图中，古埃及人受古希腊人影响最明显的例子就是用半人马来表示人马座

红色的太阳神赫鲁斯，古埃及人用他来表示火星，他站在象征着摩羯座的半羊半鱼旁

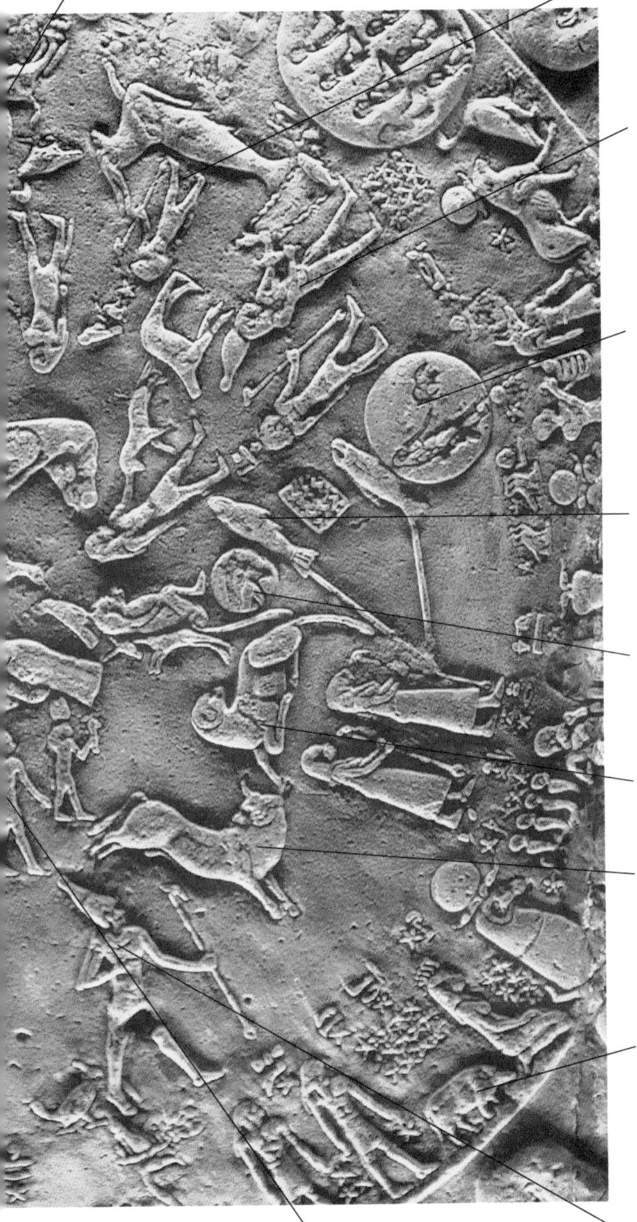

宝瓶宫，古埃及人把它画成哈比神的样子，哈比神在古埃及被尊为尼罗河神，他能够把滂沱大雨顺着他脚下的鱼的两根血管倾泻到尼罗河里

日食：此次日食发生在公元前51年4月7日，作为月亮的化身，一只狒狒正企图吞噬太阳。一个女人（大概是生育女神伊西斯）正用力地拉着这只狒狒的尾巴，要把它拉走，以解救太阳

两条鱼由一根绳索连接起来，古埃及人用它来表示双鱼座，日食就发生在这里

月食，古埃及人用圆盘上的赫鲁斯之眼来表示。在公元前52年9月25日发生了一次月食，这是测定这个浮雕年代的一条重要的线索

公羊，古埃及人用来表示公羊宫，公羊宫是黄道十二宫的第一宫

一头跳跃的公牛位于猎户座旁，表示金牛座

十二宫图外侧的圆环里的图像和符号指的是36个黄道10度分度。黄道10度分度就是按传统将夜空划分成星座群，每年每一个黄道10度分度都有10天的时间正巧出现在太阳升起的时候

双子座，古埃及人用一对手挽着手的男人和女人表示。而不是现在所用的一对双胞胎男孩

猎户座，古埃及的撒赫，古埃及人用一个手持棍子的男人表示猎户座的中心星星

数学和测量

无论是对数字进行系统地研究还是数学计算的方法，古埃及人都没有古希腊人研究得那么完备和抽象，古埃及人的数学主要是为了满足生活中解决实际问题的需要。

古埃及高效的经济体系沿用很久，稳固地支撑这一体系的不是古希腊系统的代数、几何等抽象的数学，而是古埃及人从实际经验中总结出来的数学知识。它所涉及的主要内容包括解决建筑和经营管理类的问题。

我们所了解的古埃及人的计算能力来自4卷莎草纸书卷轴；刻在木头上的两张表格和写在皮革卷轴上的一本教科书。这表明古埃及人已经掌握了基本的四则运算——加法、减法、乘法和除法。建筑师和土地测量人员能够计算出三角形和圆的面积，棱锥和圆柱的体积。虽然他们的方法和结果不是绝对精准，但是已经足够了。

▼ **计量单位**

古埃及人通常把测量标记刻在石头或者木头上，这种测量棒能够给后人提供有关古埃及测量的有效信息。测量棒只有官员们才有权使用，有时候被用来做他们的陪葬品

古埃及的测量棒

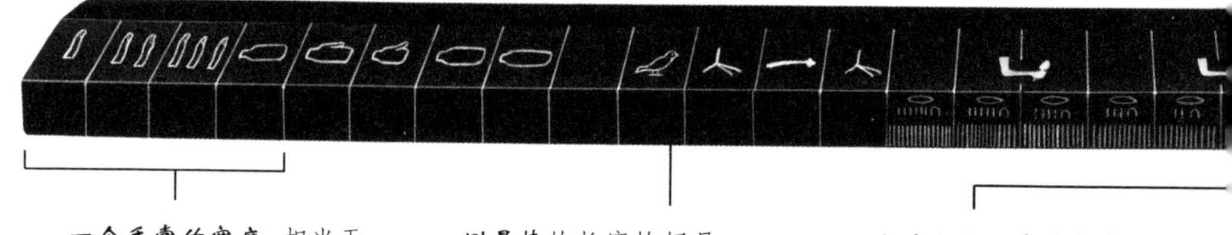

一个手掌的宽度，相当于测量棒上4小格的长度，用测量棒长度的1/7表示

测量棒的长度恰好是一肘尺，它的顶端刻有象形文字和直线，被涂成白色

一根大拇指的宽度相当于一肘尺的28%，是古埃及最小的长度单位

▶ 一篇数学公式推导

人们了解古埃及的数学系统是从发现4卷莎草纸书卷轴开始的，这些卷轴在当时是用来训练古埃及的书吏的。在这些卷轴之中最重要的是莱茵德莎草纸书，是1858年由一个苏格兰古董商人从尼罗河岸边一个市场买到的，现在保存在大英博物馆。它是由一个叫雅赫摩斯的书吏在公元前1550年左右写成的，当时被作为一部古老作品的副本保存，里面有一系列表格、数学问题和计算曲面面积的公式

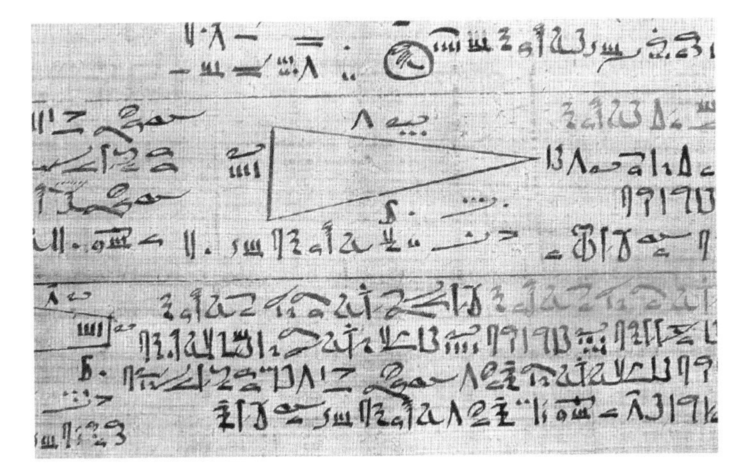

▶ 应用几何

在所有保留至今的数学莎草纸书中提及的几何，其目的都是为了解决实际问题而不是抽象问题。书中经常提到计算面积和体积的问题

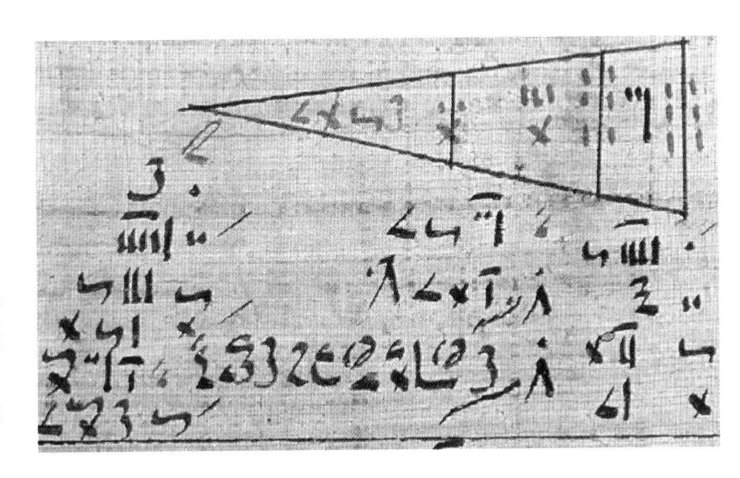

基本的数字

古埃及人用7种记号表示数字，分别表示1、10、100、1 000、10 000、100 000、1 000 000（最后这个数字1 000 000可以表示任意大的数，而且一般古埃及人用它来表示"数不过来的数"）。所有的其他数字都可以通过重复这些记号表示，例如137，古埃及人写成1个100，3个10和7个1。

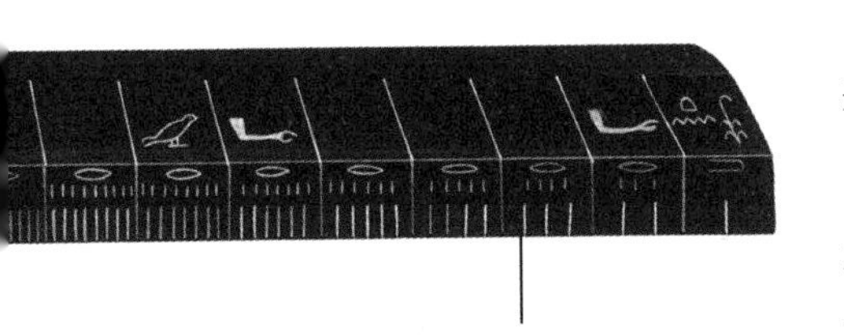

渐进的分数：一个单位的1/2至1/16，比1毫米多一点点，标在测量棒的末端

▼ 标记边界

每年，尼罗河的河水泛滥都会冲走大量用来标记每个村庄土地范围的石标。当洪水退去以后，根据以前的测量结果，负责土地注册的官员就可以马上测量土地并且重新标记边界

相关链接 测量长度

由于古埃及大量的建筑工程、复杂的税务以及杂役系统的需要，使得测量长度、面积、体积和时间的度量方法和标准度量体系迅速发展起来。

最基本的长度测量单位肘尺（一肘尺是指一个人的肘部到中指的顶点的距离，相当于52.4厘米），就像下面的象形文字所刻画的：

或者

肘尺可以细分成手掌宽和拇指宽，早在公元前3000年时，这种度量单位在古埃及就很盛行了。

一手掌宽，相当于一肘尺的1/7，就像下面的象形文字：

或者　或者

一拇指宽相当于一手掌宽的1/4，它的象形文字如下：

还有表示肘尺的倍数的象形文字，比如下图所示的nebiu，相当于1.5肘尺：

表示肘尺的倍数的更长的象形文字是het，是相当于100皇家肘尺长度的长度单位：

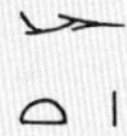

表示很长的距离，古埃及人所用的长度单位是iteru，相当于20 000肘尺，大约10.5千米。

对古埃及的官员们来说，一套标准的度量衡对他们的日常工作也是至关重要的。举例来说，它可以让书吏监督粮食的征收和运送。当尼罗河的河水泛滥特别严重或者干旱的时候，古埃及人就会遭遇饥荒，这个时候，书吏所保存的记录就有助于人们寻找储藏食物的地点。

长度的度量单位是肘尺。面积的单位开始是斯塔特（setjat），后来是阿鲁尔（aroura），一个斯塔特等于边长为100肘尺的正方形的面积。古埃及人的体积通常用来度量粮食和饮料的，它的基本单位是黑恩（相当于0.47升或16.5英液盎司）。

重量的测量单位是德本（deben，1德本相当于93.3克或3.29盎司，10德本相当于1开特）。这种度量标准通常用于称量金子和银子，而其他物品则根据相对应的金、银的重量来测定。这种测量方法在没有货币流通的社会创造了一种基本的价格体系。

相关链接 由数字组成的政府

在古埃及，由那些经验丰富的高层官员来负责国家事务的顺利进行。所有的政府官员都被称为书吏，他们的地位是根据他们文学水平的高低和所受到的精英教育多少来确定的。

一个人要想成为政府官员，首先要通过数年的训练，训练的内容包括认识象形文字和写手稿。

他们还要学习一些数学，就像这幅中古时期的象牙雕像（右图）所描述的。一个书吏需要知道一些数学知识，例如，怎样计算建造一座特殊建筑所需材料的数量；或者一座大型谷仓所能储藏的谷物的总量。还要学习一些基本的会计知识，以便记录国王的仓库中货物的收入和支出情况。

负责土地注册的官员还需要掌握一些基本的数字知识，以便能够完成土地测量、绘制地图、人口普查、税收等计算工作。

建筑师们也都是杰出的数学家，他们能够精确地计算出所要建造的建筑物的比例，比如卢克索神庙的长廊（下图）。他们根据掌握的几何知识，还能够精确地计算金字塔的角度。

调查农田

官方调查员用打结的绳子计算一个农民耕种的土地情况，并用石头标记土地的边界。

一位手里拿着绳索的助手负责实际的测量工作

一位级别较高的官员正在领导对这块耕地的测量工作

特制的测量用绳索长100肘尺，在每个整数肘尺处都打了一个结

小麦是古埃及人的主要粮食。提前估算出每块土地所产的粮食数量，能够帮助政府计算出所要征收的税收总量

◀ **官员的年度调查**

这幅壁画描述的是在农作物收获之前，官员们进行的每年一次的谷物种植情况例行调查。这些调查是土地注册机构的职责之一，在助手们的帮助下，土地注册机构才能完成这些调查。调查的目的是为了帮助政府在收获之前估计谷物产量，并以此估计国家所能完成的税收总量。为了防止欺骗，收获完毕后，还要再精确地计算所收获谷物的实际数量

▼ **两根测量棒**

这两根对比明显的测量棒是在建筑师卡(Kha)的坟墓中发现的，卡曾经为法老阿蒙霍特普二世工作。涂金的那根测量棒是法老赠送给他的礼物，而装在皮革袋子里那根普通的可以折叠的测量棒，才是建筑师在实际工作中使用的。下面的两张小图片分别是那根涂金的测量棒两端的特写

测量棒的首端标记着1拇指宽、2拇指宽、3拇指宽和1手掌宽

测量棒的末端标记着1肘尺的象形文字

古埃及的数字

在古埃及的历史长河中，一套官方的计数和计算体系很早就发展成熟了，这是建设巨大的纪念碑以及管理国家的农业生产所必需的先决条件。

古埃及人的数字体系是十进制的，人们把数字以图画的形式刻下或者写下来，而不是以文字的形式。单位数字由“1”表示，而10的幂次，从10、100、1 000、10 000、1 00 000到1 000 000，古埃及人用不同的符号表示，1 000 000也被记作“数不过来的数”。古埃及人把倍数完整地写下来而不是用缩写，比如9写成9条竖线，350写成3个100和5个10。古埃及人没有表示零的符号。

◀ **日期和数字**

这个书吏手里拿着一张纸，上面记录的是在法老辛努塞尔特二世（公元前1880—前1874年在位）统治的第六年，近东来的著名的闪族商队到了古埃及。图中的日期是用序数表示的

数字的名称及符号

古埃及人将1至9个数字分别称为wa，senuj，khemet，jfedu，dju，sjsu，sefekhu，khemenu，pesedshu。古埃及人称10为medshu，并且用形如“轭”的符号来表示；称100为shenet，用一圈绳子表示；称1 000为kha，用一枝莲花表示；称10 000为dsheba，用一根指头表示；称100 000为hefen，用一只蝌蚪表示；称1 000 000为heh，用举着两条胳膊端坐着的神来表示。记载日期和计数时所用的序数通过在基数后面加后缀-nu或者前面加前缀mech-来表示。

▲ **为来世而储蓄**

在古埃及的古王朝时期（公元前2686—前2181），墓碑和墓室的假门上通常雕刻着食物等祭品和为来生准备的物品的详细资料。在这幅图片中，雕像的正反两面都罗列了很多物资，例如无花果、酒和面包的准确数量

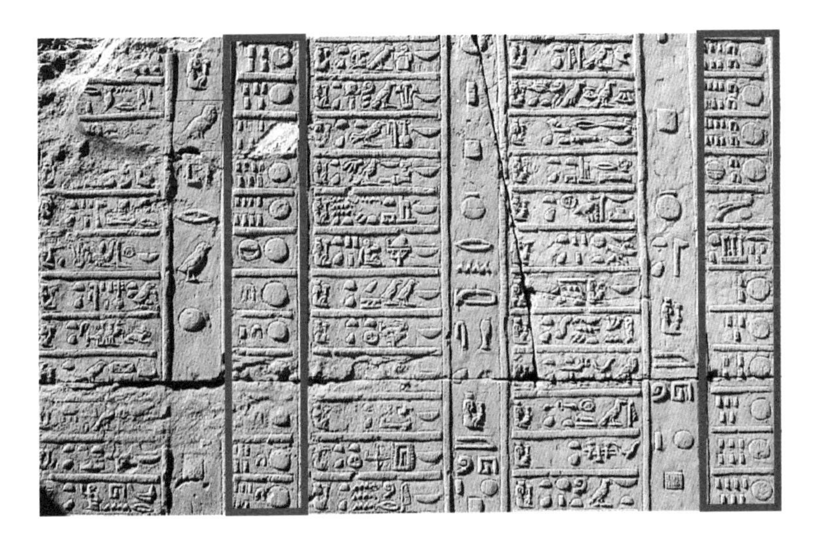

▲ 节日日程表

在一年的生活当中，古埃及人要庆祝许多宗教节日。这些节日的日期被记在一个日程表里，就像图中的日程表一样。这张日程表是在康孟波神庙发现的，所记载的日期处于古希腊—罗马时期（公元前332—公元395）

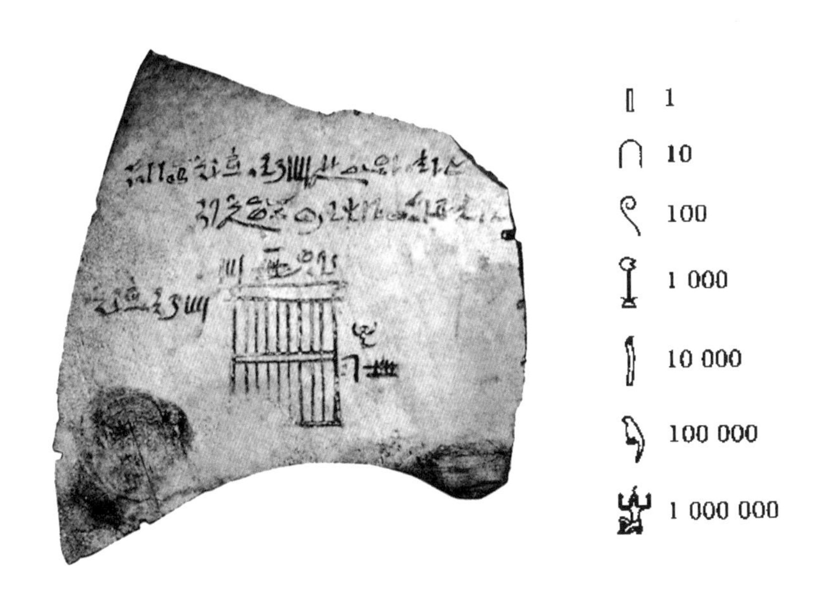

▲ 一份有关紧急情况的笔记

这片陶瓷片上记载的是有关尽快给4个窗户框架排列序号的问题。在窗户的草图边上有一些象形文字是表示窗户的尺寸

▼ **奈芙提亚贝特（Nefertiabet）的石碑**

这块石碑是在位于吉萨的奈芙提亚贝特的坟墓中被发现的，人们认为奈芙提亚贝特是胡夫（公元前2589—公元前2566年在位）的女儿。在这块石碑上，一个年轻的女人（即奈芙提亚贝特）坐在一张供桌前，桌子上摆满了面包，周围摆着许多祭品，古埃及人认为这些祭品能够保证她死后获得重生。每件祭品上都有一个数字：表示1 000的莲花标记出现得最频繁，一般来说这表示死者很富有

位于死者上方的碑铭表明她的身份是法老的女儿

1 000**只瞪羚**（画在表示1 000的符号的上方）和相同数目的牛和鹅被分配给奈芙提亚贝特，以供她死后享用

一个单独的表格用来记录死后使用的布匹，不同材料的布匹排列在不同的表格中

在为这个年轻的公主准备的祭品中，有1 000**罐啤酒**

▼ **计算粮食数量**

书吏的工作贯穿整个古埃及历史。文书对收获的谷物和谷仓中储藏的谷物都有严格的记录。这让国家能够计算出所需税收的数目，并且管理好储藏的食物防止出现灾荒

应用物理

古埃及人并没有为了解释我们所在的物理世界而创造出科学理论，但是他们努力去寻找解决实际生活中所遇到的问题的答案。他们发展了抬高和搬运货物的技巧，而抬高和搬运是现代力学最基本的内容。

古埃及人对物理很感兴趣，但是他们主要关心的是物理的应用而不是抽象的理论。他们对几何图形的理解和对面积的计算来自建造房屋所积累的大量经验，这些经验更多的是与物理和力学原理有关。应用这些很少甚至没有理论支持的科学已经成了古埃及人日常生活的一部分。

搬运重物和提水灌溉

在所有古埃及人熟练使用的物理技术之中，最核心的五大应用是车轮、螺杆、楔子、杠杆和斜坡。古埃及人很少用车轮和轮轴，因为这两种东西不太适用于沙石地，他们更多的是使用木橇来搬运重物。因为古埃及特殊的地形，拉木橇（在极少情况下是滚筒）使工人能够很容易地完成任务。车轮和轮轴一般安装在战士们的战车上；水车一般用于引水浇地。螺杆也是很重要的灌溉工具，古埃及人把螺杆固定在木头管子内，把水从低处提到高处。

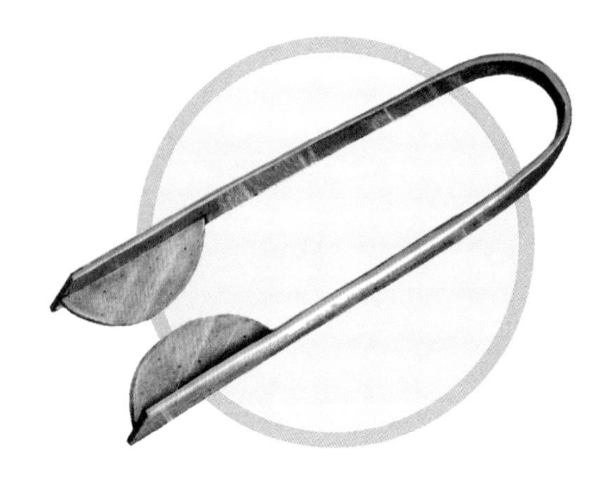

◀ **杠杆原理**

在古埃及，利用杠杆增加力量的原理被广泛使用，小如图中的镊子，大如建造阿斯旺大坝时挖掘、搬运那些重达500吨的大块花岗岩而大规模使用的木质杠杆。虽然杠杆大量用于建造工程，但是在一些相当简单的应用之中，它们的作用却会大打折扣，比如安置石块。古埃及人从来没有使用过那些后人所推测的建造金字塔时工人们使用的起重机，这种起重机不是实用的机械装置。遗憾的是，从古埃及人坟墓中的雕刻和壁画上，几乎得不到可以用来推测建筑工人们所用的方法与技巧的信息

▼ **桔槔**

在第十八王朝（公元前1550—前1295）期间，古埃及人把杠杆原理应用于桔槔，一种灌溉花园和果园的工具。他们利用一条横梁作杠杆，横梁的一端绑着用来保持平衡的硬泥，另一端绑着一只木桶。利用这个装置，古埃及人可以把深井或者沟渠里的水提上来

▼ **建造金字塔**

古希腊伟大的历史学家希罗多德（Herodotus）在公元前5世纪的时候曾经访问过古埃及，看到了吉萨的一座大约建造于2 000年以前的金字塔。他推测金字塔上那些大块的石头一定是被一系列的利用横梁做枢轴的起重机吊到上面去的，就像在当时古埃及人用一系列的桔槔把水提到很高的地方去一样。现在这种理论已经受到怀疑

图中**石块**的形状并不是当时实际使用的石块的样子，而是一种艺术的描绘

枢轴和平衡物技术在现代仍然被应用在起重机中，但是这种技术并不适用于古王朝时期建造金字塔

这一小队工人并不会利用图中所画的这种装置把石头从低处抬到高处

▶ **平衡问题**

秤和天平是杠杆原理的一个特殊应用，在古王朝时期（公元前2686—公元前2181）被广泛地使用。在出土的文物中已经找到了一些实例，它们经常被画在墓室的壁画上，通常是称心的重量。而在日常生活中，它们常被用来精确称量贵重物品的重量，比如铁匠用来称锻造珠宝的金子的重量，或者在商品交换中称粮食的重量

▼ **实际使用中的杠杆**

杠杆原理的另外一个应用是，当尼罗河上没有风或者水流过缓时，古埃及人就使用长长的船桨使船前进或者后退。水手在船桨的一端所用的力通过杠杆传送到另一端的桨叶上并被增强很多。船尾的一条大船桨（即方向舵）能够控制船行驶的方向，其原理与其他船桨相同

利用一根长的横梁和偏心枢轴作支点或者支柱，来增强作用在一个物体上的力，是杠杆作用的基本原理。古埃及人利用它来汲出桔槔中的水，推动船只行进和控制船的方向。它的另外一个重要应用是，在采石场中与楔子一前一后共同作用，劈开、加工石头，并且把石头搬运到预定的位置。

没有证据表明古埃及人曾经广泛运用杠杆原理来抬升比水重的物体。因为古埃及人不知道滑轮，他们搬运墓石所使用的工具就是斜坡。在卢克索卡纳克神庙里面有一处斜坡的遗迹，这条斜坡是由泥砖垒成的。类似的斜坡遗迹在金字塔的周围也有发现，古埃及人使用很长很长的斜坡把大块的石头从下面搬运到上面去，而不是用杠杆或者起重机。在建造金字塔时，对斜坡的使用唯一让人困惑的问题是，这些斜坡在每一边是以某一特殊的角度建造的呢，还是围着金字塔造了一圈？

▲ **搬运石块的跷跷板**

这个模型是在发掘一座建造于大约公元前1470年的神庙的时候发现的，它是一种用来搬运石块的木橇。它的使用方法是：先把石块抬起一角，放在这个木橇的支架里，到了目的地以后，抬起石块另一角，把木橇抽出来，把石头卸下

一个指导员站在石头上，指导工人们沿着斜坡往上拉石块，斜坡是由风干的泥砖做成的，随着建筑物越来越高，斜坡可以不断地加长

当建筑物越来越高，人们就不断加长、加宽**由泥砖铺成的斜坡**。足够长而且倾斜度合适的斜坡可以把提升重物所需要的力量减到最小

▼ **压榨工人**

在古埃及某些特殊的地形上，比如沙地和满是裸露的石头地，人们很少使用牲口和轮车来拉重物，因此，搬运重物都是工人们做的。例如，大块的建筑用石块，就是装在木制的橇上，由好几队工人们共同合作从采石场拉到建筑工地去。令人惊奇的是，这样做的效率很高。为了帮助木橇更好地滑行，工人在地上挖了两条沟，当木橇沿着这两条沟向前滑行的时候，有人负责专门往沟里洒水以保持湿润，以便将摩擦力减到最小

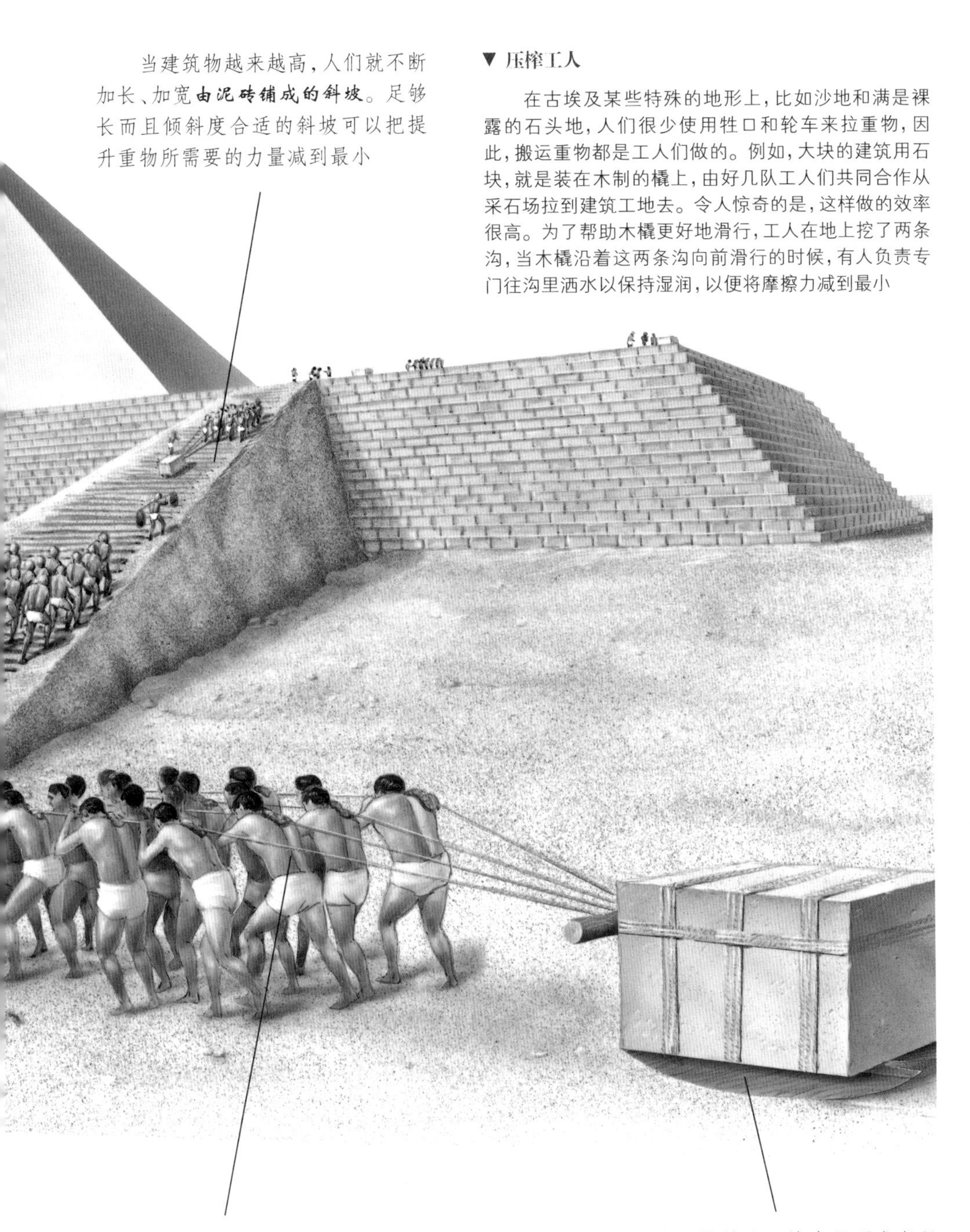

粗大的绳子用来承受石头的重量。为了防止绳子擦伤肩膀，工人们都在肩膀上垫一块厚厚的毛巾

木橇能够让石块在很硬或者很软的地面上相对无摩擦地前进。最耗力是在刚开始拉动石块的时候，因为此时要克服石块巨大的重量

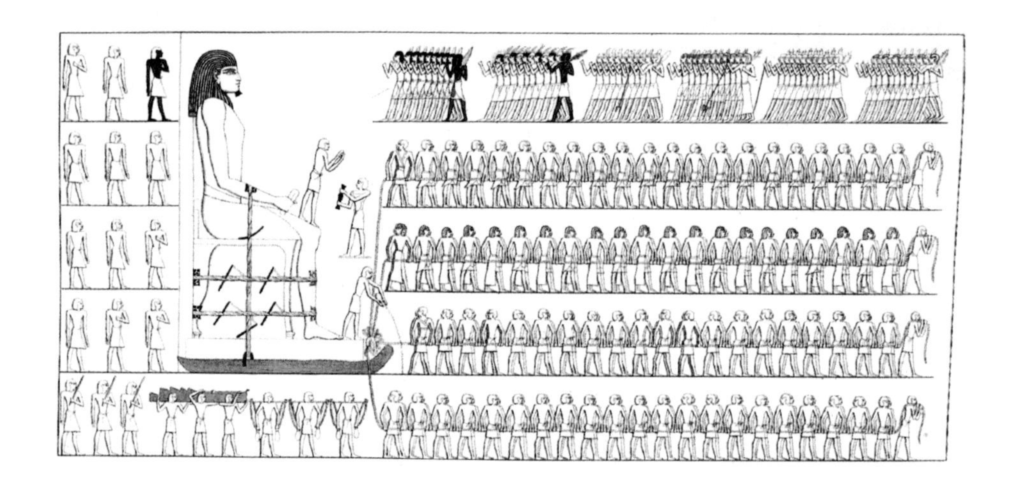

▲ 人力

根据这幅画推算，当时总共动用了172名工人把重约58吨的杰胡提霍特普（Djehutyhotep）的雕像拉到位于德尔博沙（Deir el-Bersha）的墓地去。为了减少摩擦，使这项工作省力一些，有一个人站在拉木橇的工人们的前面不断地往地上泼水

▼ 建造斜坡

这幅图画的是工人们正在用石头建造斜坡，就像哈塞普苏（公元前1473—前1458年在位）神庙的斜坡一样，这个斜坡不是用来帮助工人们的，而是作为从建筑物顶端到地面最后的通道。后面一队工人传递石头、黏合剂和水，最右侧的人做建筑斜坡最后的工作：铺上一层石灰石

▲ 主要工具

在古埃及所有运送重物的斜坡中，保存最完好的是位于卡纳克神庙第一个入口后的斜坡。它完全是由泥砖筑成的。古埃及人用这样的斜坡来建造金字塔、神庙的庙门和方尖石碑。而且人们已经普遍认识到，对把大块的石头和其他重物从地面运到很高的建筑物的顶部等问题来说，斜坡是一种极为实用，并且能够减轻劳动强度的方法。斜坡是由尼罗河的淤泥经太阳晒制成的泥砖铺成的，人们可以做出任意数量的泥砖，还可以把泥砖做成任何形状，等建筑完成后再把斜坡拆掉。为了跟上建筑的进度，人们要不断地加高、加长斜坡

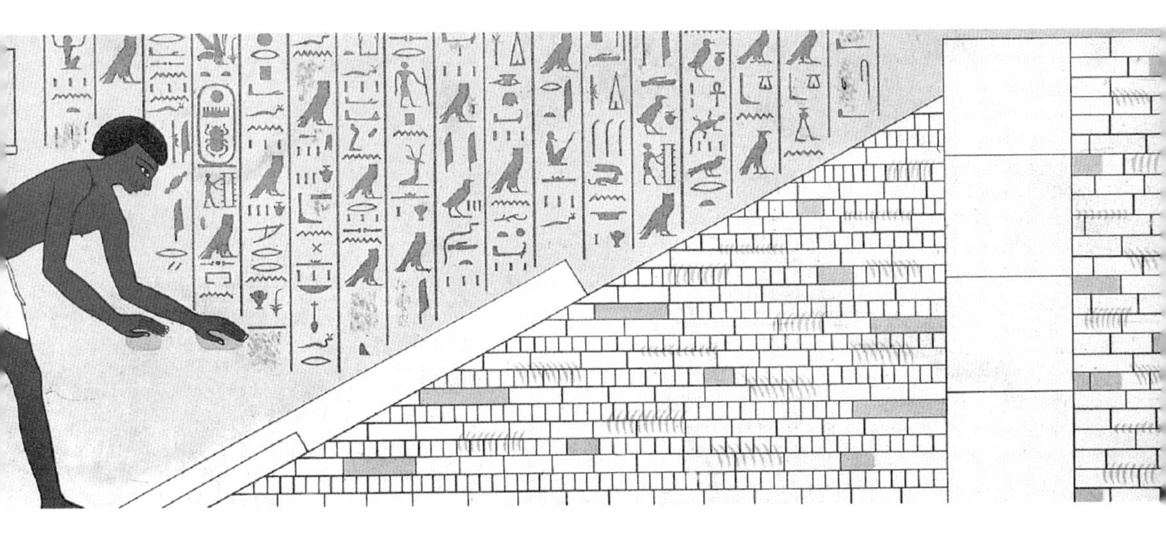

古埃及历法

跟所有其他原始民族一样，早期的古埃及人通过观察月亮变化的规律来推算时间，他们的一个月是29天或者30天。但是到了公元前2900年左右，古埃及人发明了人类历史上第一个不依赖于月亮运动规律的历法。

古埃及人最初的历法结合了他们所观测到的月亮变化规律和尼罗河的河水每年一次的泛滥周期。后者是利用尼罗河的水位测量标尺来测量的，标尺是有刻痕的芦苇，用来测量尼罗河的水位。因此，古埃及人把一年12个月分成3个季度，每个季度4个月，每个月30天：第一季度叫作akhet（意思是“被淹没了”，是洪水季，从7月中旬到11月中旬），第二个季度peret（意思是“洪水退了”，是冬季，从11月中旬到第二年3月中旬），第三个季度shemu（意思大概是“水位太低了”，是夏季，收获的季节，从3月中旬到7月中旬）。每个月有3个“星期”，每“星期”有10天（“10天为一个周期”），每天有24小时（白天12小时，夜间12小时）。

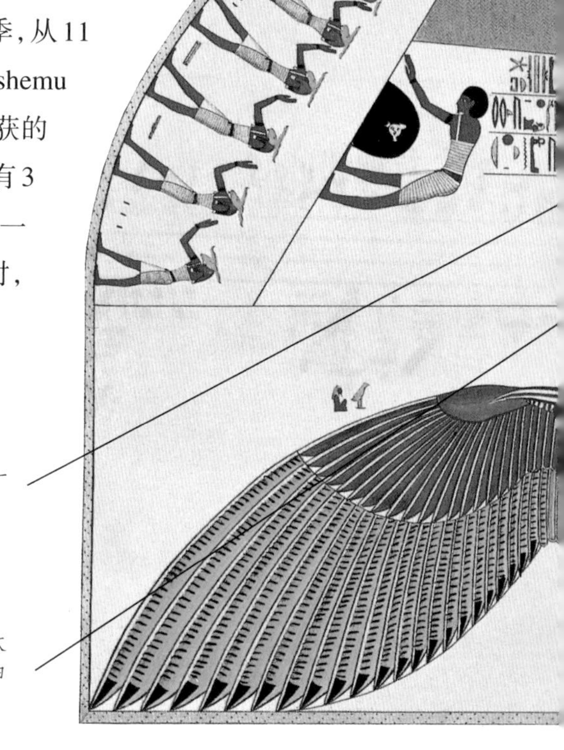

早晨太阳之神凯布利是一只羊头圣甲虫

太阳神拉是一个旋转的太阳圆盘，就像是凯布利（圣甲虫，旭日之神）的粪球

▼ **早晨的太阳**

古埃及人为不同时期的太阳起了不同的名字。在早晨，当太阳穿过天空女神努特的身体从东方升起的时候，就像是一只圣甲虫把它推出来，古埃及人称之为凯布利；在傍晚，当太阳落山的时候，就像是一个老人，古埃及人称之为阿蒙

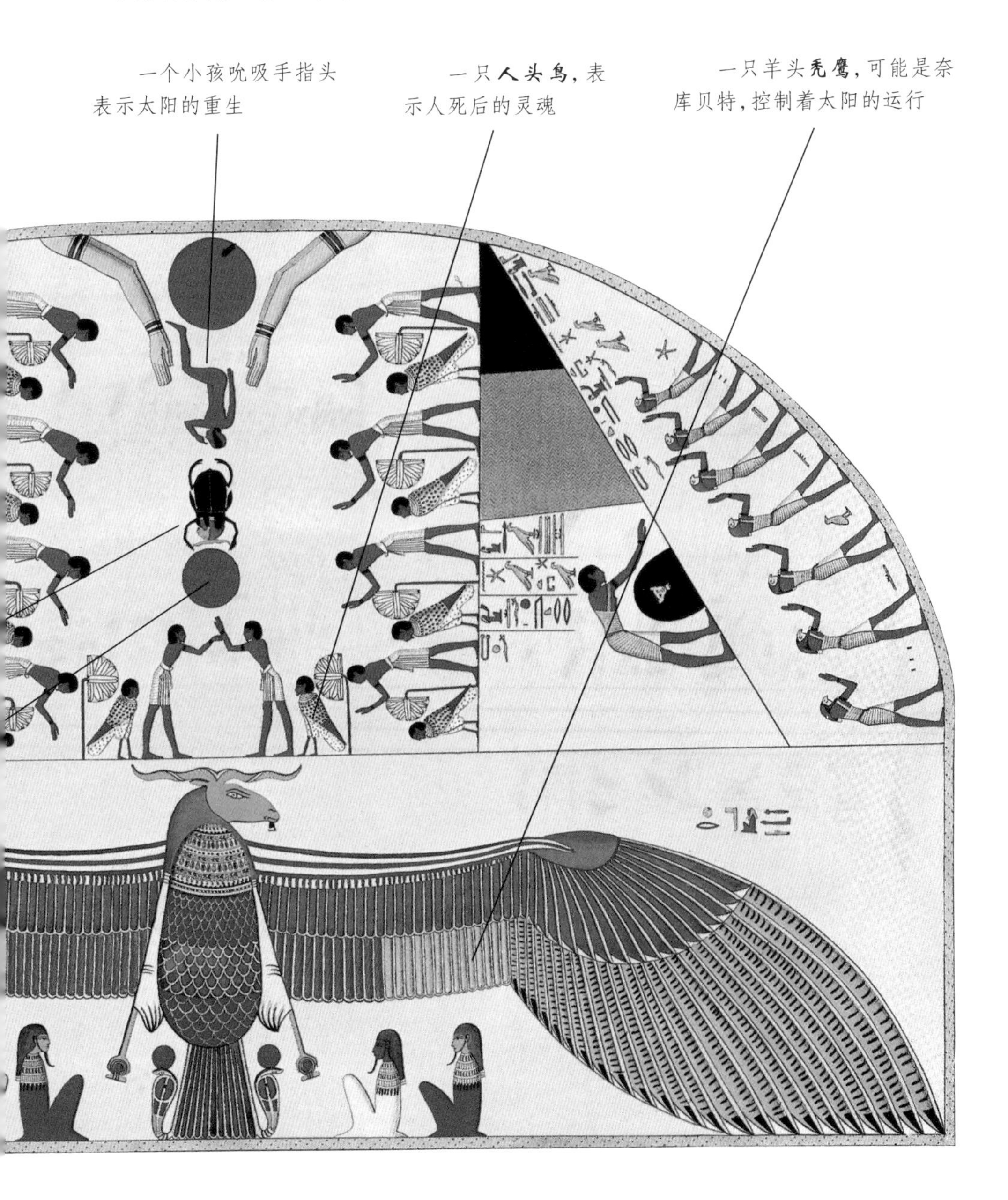

古埃及人把每年从360天增加到365天，称为一个阳历年，方法是在夏季的最后增加5天。古埃及人认为这5天分别是5位神仙的生日：冥神欧西里斯，太阳神赫鲁斯，干旱之神塞特和生育女神伊西斯，守护死者、生育女神奈芙蒂斯。

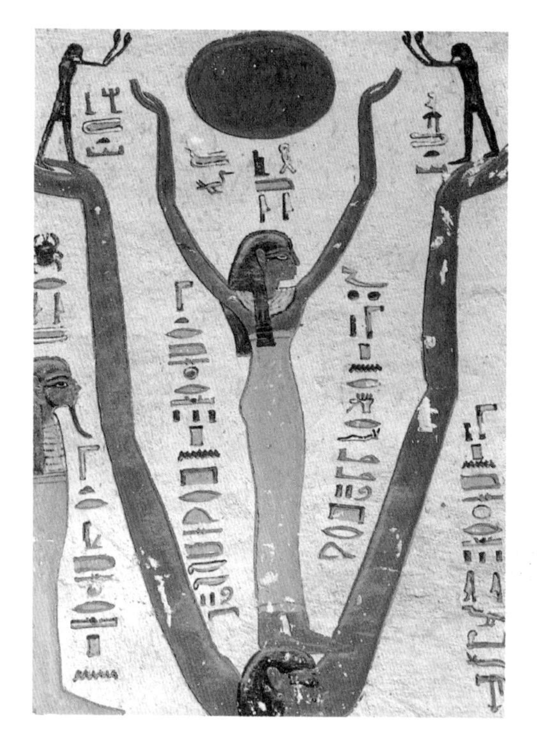

◀ **天空女神**

每天傍晚，身体伏在地球上空，负责星星运行和时间流逝的天空女神努特，就吞下表示太阳神拉的太阳圆盘。在夜里，太阳圆盘穿过她的身体，到了黎明的时候，天空女神就把太阳圆盘交还给世界，这叫作“太阳神的出生”

▲ **一份宗教历法**

伊斯那神庙建造于公元1—3世纪，在它那多柱式大厅的穹顶上，装饰着许多天文学景观。有一份历法说明了宗教节日的日期，其中一些节日的日期与古埃及农业生产的周期相匹配。其余的节日，比如奥帕特节，则是为了纪念某些特殊的神

知识窗

登达拉的黄道十二宫

下面的这幅图片是从一块石碑上复制下来的，这块石碑来自登达拉城哈索尔女神神庙的穹顶。哈索尔女神是古埃及的另一位天空女神。这块砂岩墓碑上的浮雕大约雕刻于公元前50年，现保存于巴黎卢浮宫。

这幅图片描述的是天球的黄道十二宫，它被均匀分成12个部分，图中的天球由星星和星星的运行轨迹构成。黄道十二宫是巴比伦人在大约公元前15世纪发明的，然后被古希腊人使用，只在公元前3世纪末在古埃及出现过。

圆周周围的图像表示36个周期（或者叫组），每个周期10天。在人像的头上方分别是黄道十二宫的标志，包括双鱼宫和金牛宫以及古埃及人所知道的星座的标志。

关于黄道十二宫的标志和10天的周期的描写最早见于森姆特墓室穹顶上的天文绘画，森姆特在德尔巴里时期（公元前1463年）是哈塞普苏女王的首席大臣。在古希腊—罗马时期，类似于登达拉的黄道十二宫浮雕就经常出现于神庙和石棺的盖子上。

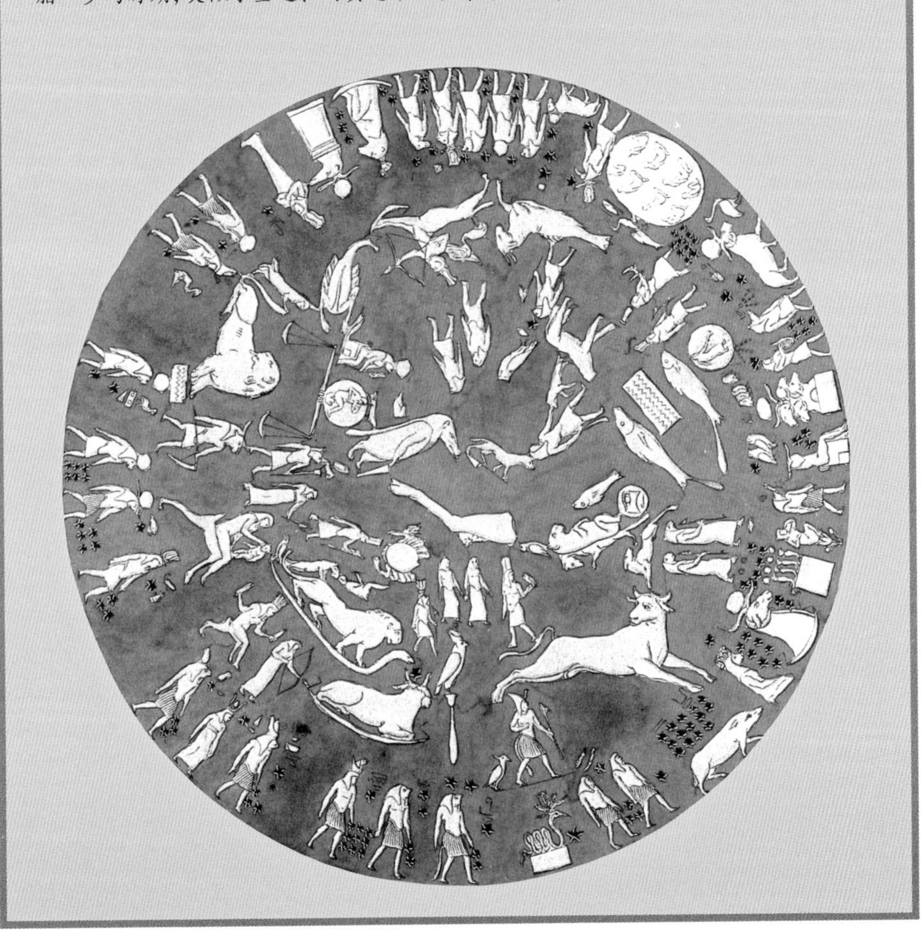

尼罗河历法

尼罗河历法是一种古埃及历法，其独具创意之处是以尼罗河河水每年一度的泛滥周期为基础，把1年分成3个季度，每季度有4个太阳月：

akhet：洪水季

thoth：7月19日—8月17日

paophi：8月18日—9月16日

athyr：9月17日—10月16日

sholiak：10月17日—11月15日

peret：生长季

tybi：11月16日—12月15日

meshir：12月16日—1月14日

phamenoth：1月15日—2月13日

pharmouthi：2月14日—3月15日

shemu：收获季

pashons：3月16日—4月14日

payni：4月15日—5月14日

epiphi：5月15日—6月13日

mesori：6月14日—7月13日

另外加上5天epagomenal神圣的生日：7月14日：欧西里斯；7月15日：赫鲁斯；7月16日：塞特；7月17日：伊西斯；7月18日：奈芙蒂斯。

夜晚的天空

这幅画是伊波利托·罗塞里尼(Ippolito Rosellini)复制的部分绘画，位于塞提一世(公元前1294—前1279年在位)的石棺室穹顶，坟墓位于帝王谷。图中星座和天空中区域的划分表示神话中的神。在图的上端，星座按顺序被排成一列，根据观测星座的位置，古埃及人确定1小时的长短。图的底部绘有各种各样的星座以及10天一个周期，或者10天一组。

夜晚的时间画在图的顶部

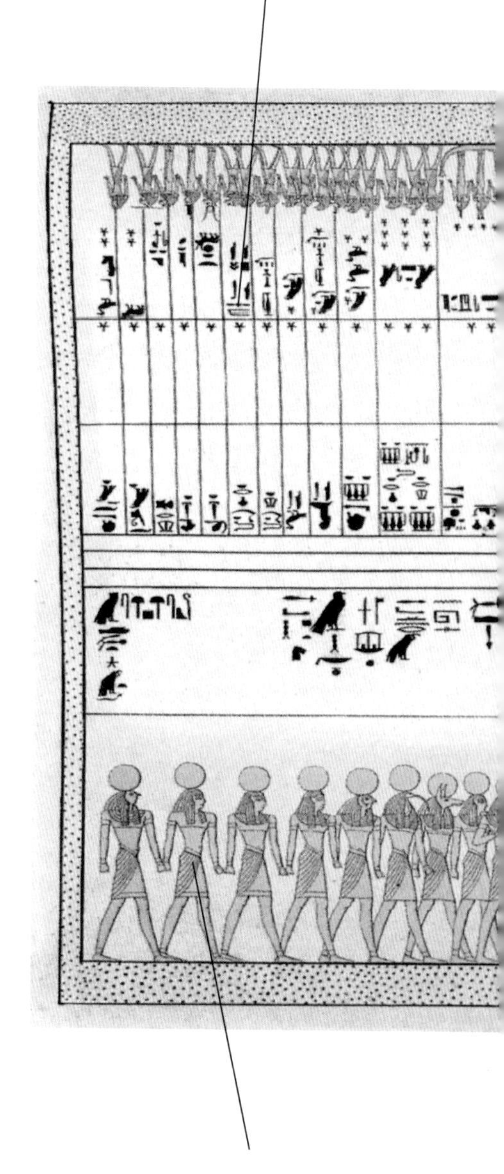

在图的下半部，**神**与北半球的星座侧面相接

一个伸展胳膊的**人像**可能用来表示天鹅座（虽然古埃及人并不知道天鹅）

公牛表示大熊座

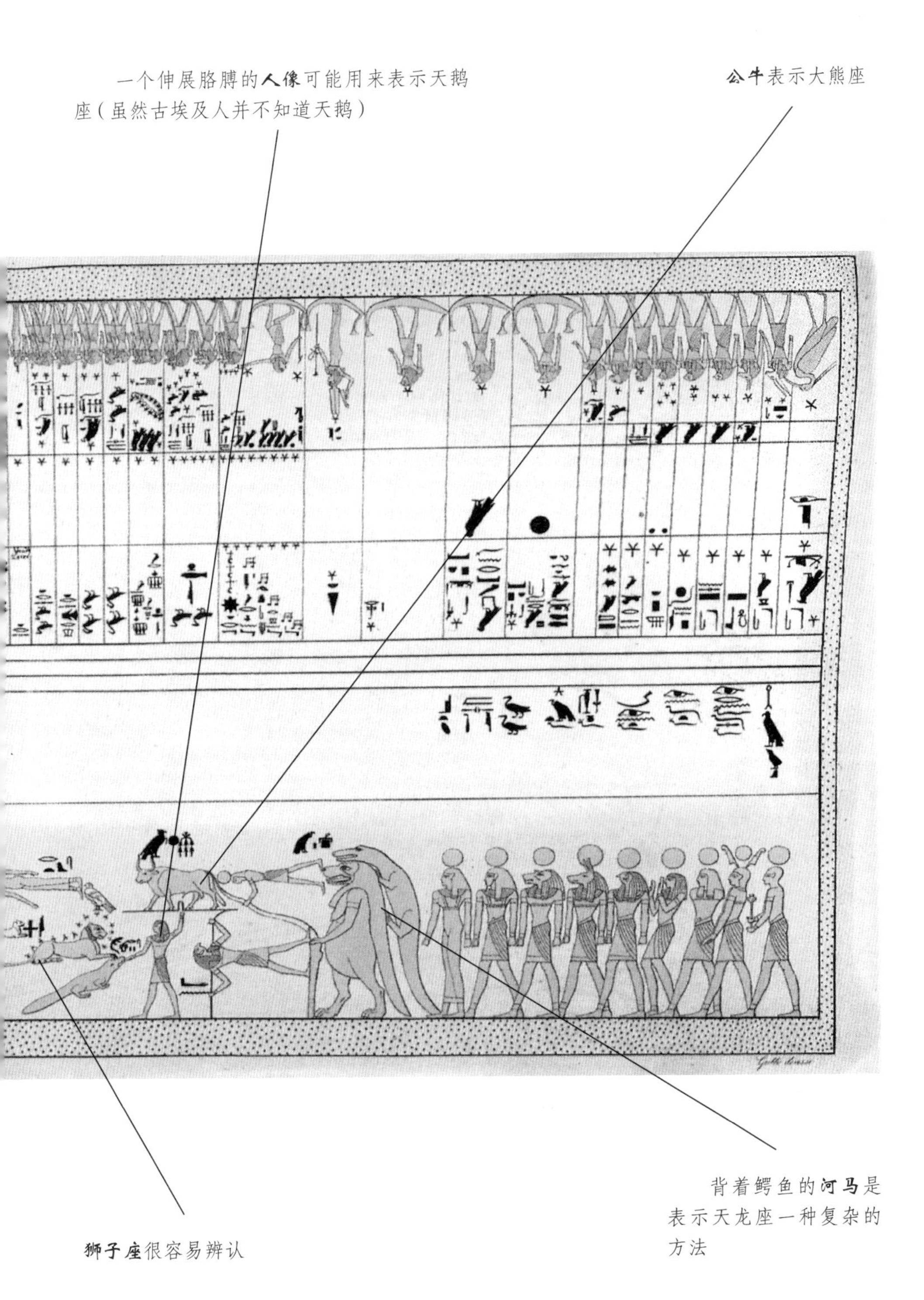

背着鳄鱼的**河马**是表示天龙座一种复杂的方法

狮子座很容易辨认

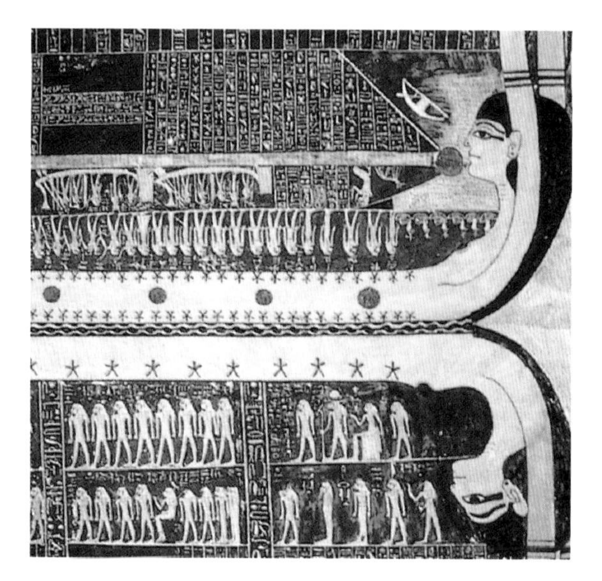

◀ **白天和黑夜**

在法老拉美西斯六世（公元前1143—前1136年在位）坟墓的石棺室穹顶上，装饰着来自《白天的书》和《黑夜的书》的绘画和铭文。这些书讲的是表示太阳神拉的太阳圆盘在夜晚的踪迹：穿过天空女神努特的身体

▲ **时间的推移**

因为生死大权都掌握在法老手中，所以古埃及的农民以尼罗河的河水泛滥作为他们年历的基本依据。但是现在阿斯旺大坝稳稳地掌控着尼罗河的河水包括每年一次的汛期

缺失的环节

5位神仙的生日（智慧之神多给了天地间5天的光明让5位神仙降生）表示古埃及新的一年的开始。按照教皇格利高里（Gregorian）的历法，这天是7月19日，是天狼星升起的日子。天狼星是天空中最亮的星星，古埃及人认为她是戴着由星星做成的王冠的女神索普特。保留下来的关于这一事件的记载和观察组成了古埃及传统编年表的基础。

然而，民用年及其划分和阳历年仍然有少许偏差。民用年是古埃及人发明的一种相对精确的测量时间的方法，但是阳历年比民用年多6个小时。实际上，这个差别说明了民用年和阳历年每经过1460年才能精确吻合一次。但是对绝大多数古埃及人来说，这不会给他们带来什么麻烦，因此，直到托勒密王朝才被改正过来。托勒密三世提出了闰年的概念（每4年加1天），规定新年从8月29日开始。

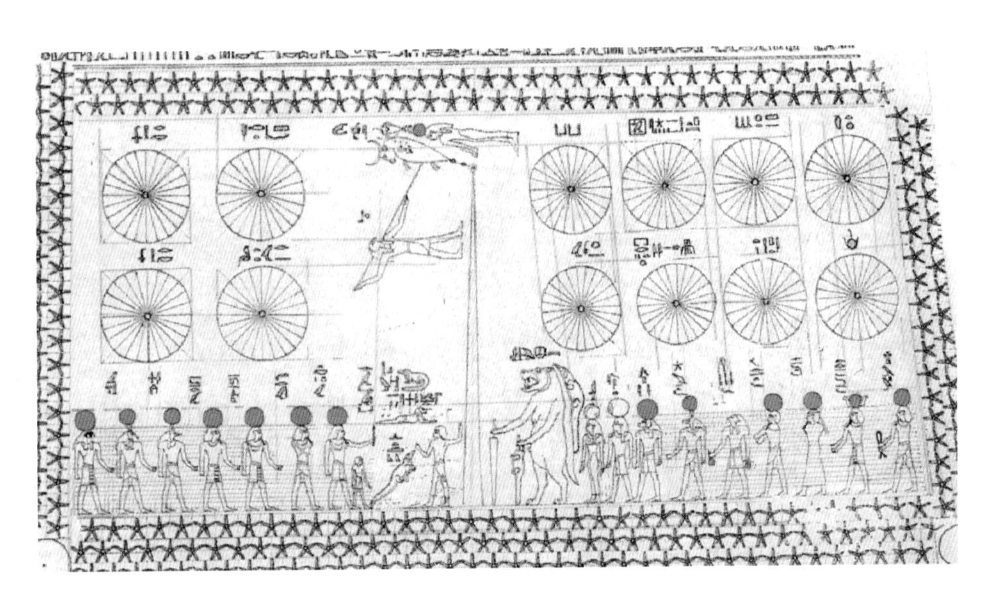

▲ 森姆特墓室穹顶上的天文绘画

这幅绘画来自森姆特墓室穹顶。森姆特是女王哈塞普苏最喜欢的宠臣——据埃及一些考古学者推测，森姆特有可能是她的情人。这个穹顶是古埃及第一个绘天文景观的穹顶。通过研究星星所在的位置，人们能够精确地推断出这幅绘画的创作时间是公元前1463年。这幅绘画描述了古埃及人所能看到的星座在不同月份的位置，12个圆及其辐条表示12个月。古埃及人相信，星座的轮廓图可以让死者告诉人们夜晚的时间和阳历年的日期

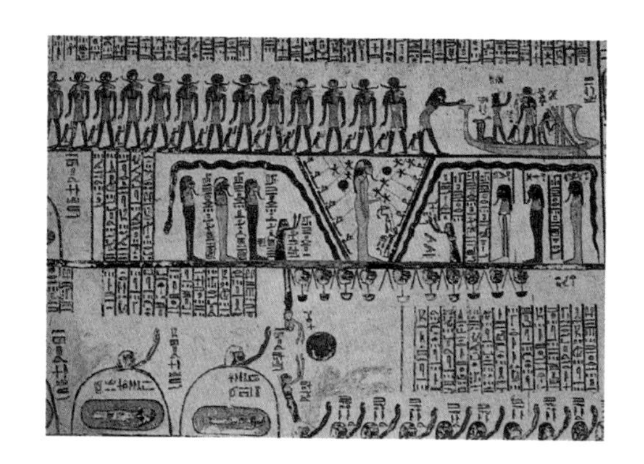

◀ **太阳夜晚的行程**

这幅绘画是《地球书》中的复制品，用来装饰拉美西斯六世墓室的墙壁。其中描绘了太阳神拉、冥神欧西里斯以及死者的重生，图中的12个女人表示夜晚的12个小时

◀ **太阳钟，建造于公元前1500年**

古埃及人利用日晷仪测量每天的第一个小时和最后一个小时，当日晷仪的前面对着太阳时，它的阴影被投射到仪器的背面。准确时间由阴影的角度和长度共同决定

▶ **阿兹特克人的历法**

著名的太阳石，或者叫作阿兹特克人的历法，藏于墨西哥首都墨西哥城的人类学国家博物馆。它所描写的内容是中美洲人对世界的起源和初期历史的解释。浮雕的中心刻着太阳神托纳蒂乌（Tonatiuh），它周围的4个长方形表示人类历史上经历的4个时代。中心的圆盘上的20个神对应阿兹特克人1个月的20天。外圈的圆环上的两条蛇表示天庭。阿兹特克人相信太阳需要以血液为燃料。根据某些西班牙编年者推测，阿兹特克人认为，如要安抚太阳，每个月要用2~5万人作为祭品祭祀太阳神

时间的测定

古埃及人测量时间所用的装置简单得令人出奇。水钟和太阳钟的发明表明，测定时间是可以做到的，虽然不那么精确。

根据古埃及人的历法，一年有360天，分成12个月，每个月30天；也可以分成36个月，每个月10天。在每一年的末尾，还剩下5天，古埃及人认为这是一年之“外”的天数，是5位神仙的生日。古埃及人的一年比一个阳历年少大约1/4天的时间，所以为了抵消这个误差，每4年要多加一天。

白天和夜晚

古埃及人把白天和夜晚都分成12个“小时”，但是每“小时”的长短随着季节的变化而变化。从新王朝时期（公元前1550—前1069）开始，古埃及人就利用日晷仪来测量时间。日晷仪由两部分组成：一部分负责测量阴影的长度，并且在一个与之对应的刻度表中找到对应的值；另一部分负责测量阴影相对于刻度表前进的速度。

▲ **水钟**

古埃及人一般利用水钟来测量夜晚的时间。这是一种石质容器，从上往下越来越窄，底部开有一个小孔，经常装饰有智慧之神托特的画像。水钟的内部刻了12个圆环，每一个圆环表示1个小时。水钟的外表面经常装饰有天体之神的图画

从新王朝时期开始，古埃及人开始利用水钟（滴漏）来测量夜晚的时间。水钟是由天文学家阿曼农哈特（Amenenmhat）为了赞颂阿蒙霍特普一世而发明的。它通过估量一个容器底部的小洞流出来的水量多少来测定时间。

漏壶通过测量水的深度来推算时间，水通过壶底部的一个小孔慢慢地往外流

一只狒狒坐在水钟上，它是时间之神托特的化身之一

女神韦赖特·赫卡接受了塞提一世的献礼

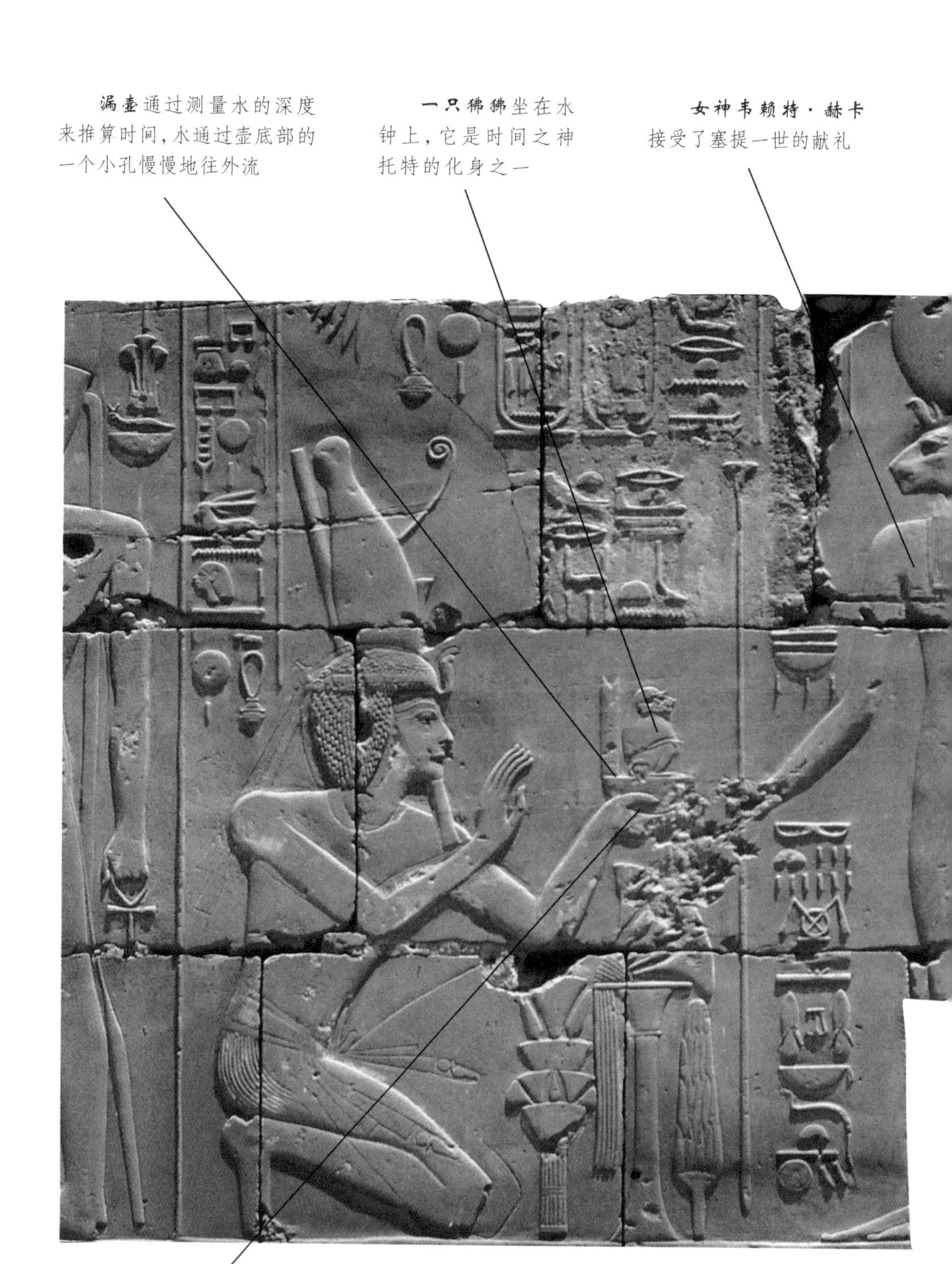

塞提一世虔诚地举起他的手，进献给太阳神的女儿一个水钟

长着朱鹭头的托特神，是月亮和测量之神，古埃及人认为它发明了一切科学知识

◀ **一个礼品水钟**

这幅浮雕来自阿蒙神庙，位于卡纳克。法老塞提一世跪在长着狮子头的女神韦赖特·赫卡（Weret Hekaw）面前，女神正在接受塞提一世的献礼—— 一个水钟

▼ **雕刻有托特神像的日晷仪**

这个日晷仪是一种固定的仪器，用来投射太阳阴影的那部分是一块垂直的小厚石板，一只狒狒（测量之神托特的化身）坐在厚石板前面。被投射的阴影会落在石板后面的斜坡上，斜坡上刻有1小时一格的分隔线

▶ **日晷**

这是一个塔门状的日晷，上面的刻痕把它分成12个部分，古埃及人通过太阳落在这12个部分的阴影来确定时间。有一根小棒插在小洞里，这个小棒阴影的位置能够告诉人们时间的近似值。人们很难判断这样的装置在当时是每天用于实际生活，还是只是作为一个模型或者进献的礼品

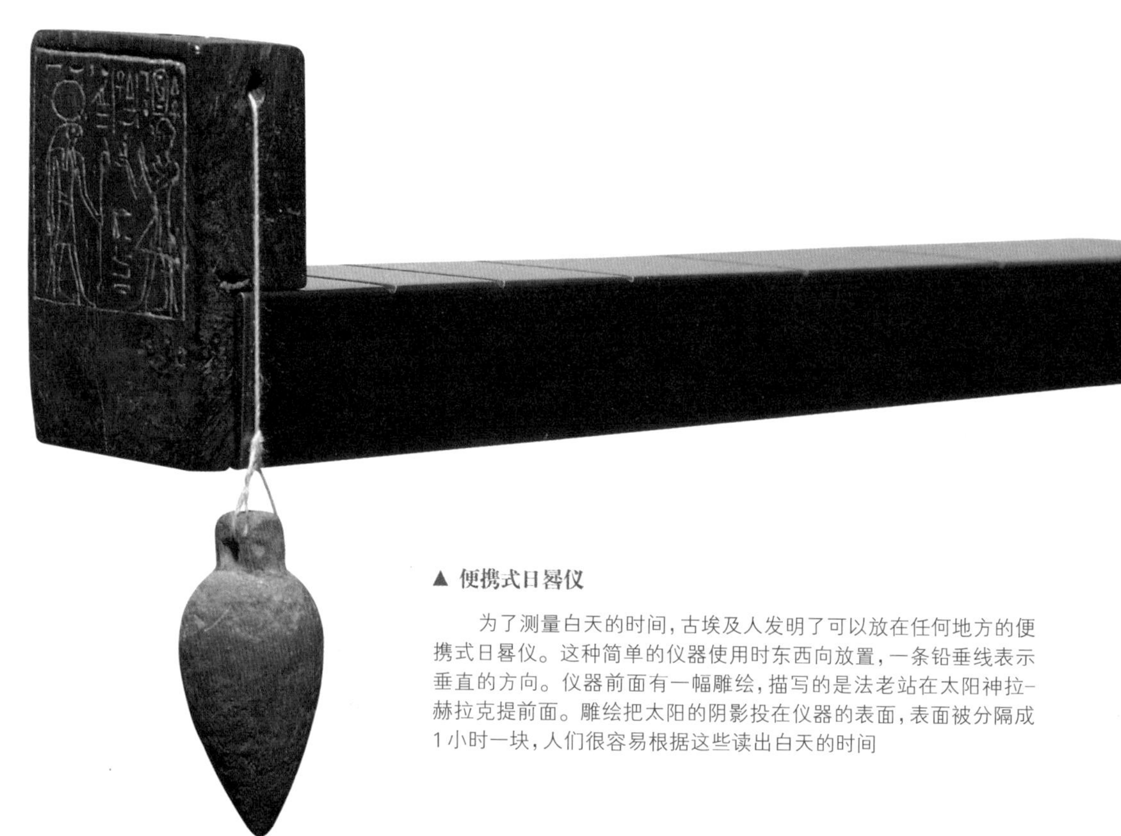

▲ **便携式日晷仪**

为了测量白天的时间，古埃及人发明了可以放在任何地方的便携式日晷仪。这种简单的仪器使用时东西向放置，一条铅垂线表示垂直的方向。仪器前面有一幅雕绘，描写的是法老站在太阳神拉-赫拉克提前面。雕绘把太阳的阴影投在仪器的表面，表面被分隔成1小时一块，人们很容易根据这些读出白天的时间

医药

虽然古埃及人努力寻找方法医治疾病，但是他们对人的身体的功能知之甚少，因此没有能力预知疾病的发生，对疾病的治疗效果也较差。

我们对古埃及人医学的了解基本来自记载医学知识的莎草书和许多墓室及神庙里的装饰。而最重要的是新王朝（公元前1550—前1069）时期的埃伯斯（Ebers）莎草纸书和埃德文·史密斯（Edwin Smith）莎草书，它们都以文献的收集者姓名命名。埃伯斯莎草纸书像是古埃及医学百科全书，书上列了各种各样的疾病和给患者提的治病建议，这些疾病可能是医生日常出诊时记录的病例。埃德文·史密斯莎草纸书记载的无一例外的都是关于骨折等各种断裂和各种创伤，书上列出了48种损伤和功能障碍以及相应的治疗方法。而由祭司执行的木乃伊的制作，似乎对人体解剖学或者一般的医学实践没有任何贡献。

▶▼ 医用广口瓶和医疗器械

古埃及药典里记载的药物包括来自动物、植物和矿物的自然成分，保存在陶瓷瓶里（右图）。在墓室里发现的医疗器械当中有镊子和压舌板（下图），有些器械上刻有神秘的咒语或者守护神的标志

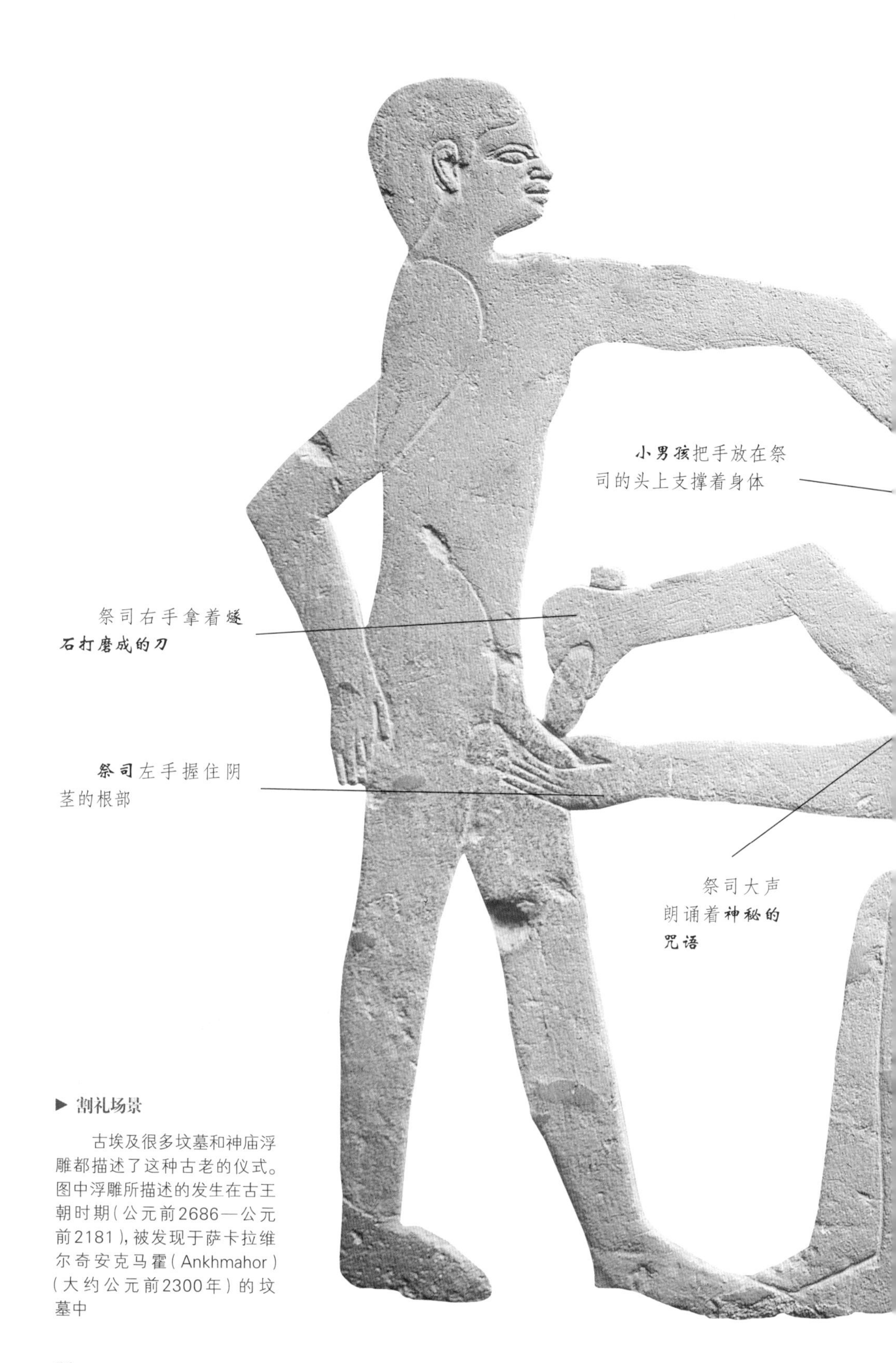

▶ **割礼场景**

古埃及很多坟墓和神庙浮雕都描述了这种古老的仪式。图中浮雕所描述的发生在古王朝时期（公元前2686—公元前2181），被发现于萨卡拉维尔奇安克马霍（Ankhmahor）（大约公元前2300年）的坟墓中

割礼——一种宗教仪式

这种手术也许可以追溯到史前时代，它是一个神圣仪式的一部分，这个神圣的仪式标志着一个男孩从青春期过渡到成人。古埃及人给10～14岁的男孩施行割礼。然而，这种简单的手术也不是绝对没有风险的，特别是感染。割礼由祭司执行，在执行割礼的同时，祭司要大声朗诵神秘的咒语。为了保证仪式的自然性，执行割礼使用的工具是用石头打磨成的刀，而不是金属制成的刀。

◀ 布塔——工匠、医疗之神

生病的时候，古埃及人不只使用药物，还请求神帮助他们。被认为是创造世界的诸神之一的布塔，古埃及人将其尊奉为工匠守护神和医疗之神。

左图中描绘的布塔头戴无边便帽，下巴上留着笔直的胡须。在古埃及末期（公元前747—前332），他被赋予医疗的权力。古埃及人经常把他描绘成一个赤裸的侏儒，他能击退如大毒蛇和蝎子等所有邪恶的生物，并且能治好被它们咬伤的人

知识窗

眼睛疾病

由于一直暴露在强烈的阳光下，长年累月经受风沙尘土的肆虐，古埃及人的眼睛经常遭受疾病的困扰。失明也很常见，就像下面这幅来自阿玛尔纳的浮雕所描绘的一样。

记载医学知识的莎草纸书里有很多关于眼睛疾病的治疗方法。例如，古埃及人利用蝙蝠的血液治疗眼睛疾病，因为他们认为这种动物的“夜视能力”能通过血液传给患者，当然这种治疗几乎不可能成功。但是，他们利用公牛的肝治疗一些视网膜的疾病就有效多了，因为公牛的肝里含有维生素A。现在，肝的提取物仍然被用来治疗由于维生素缺乏所引起的眼疾病。

由于对解剖方面的知识了解很有限，古埃及人的手术水平很低，而且他们从来没有做过内科手术。人们在墓室中发现的或雕刻或画在神庙里的医疗器械大部分是用来做外伤或者骨折手术的。外伤和骨折很可能都是由于为法老建造不朽的建筑的工人们在工地上的意外而导致的；其他的医疗器械是用来治疗妇科疾病和接生的。这两种事情在记载医学的莎草纸书中都有详细的记载。

一个疼痛的人

这个遭受痛苦折磨的病人青铜雕塑来自新王朝时期（公元前1550—公元前1069）。虽然古埃及人不知道是什么导致的疾病，但是他们努力去治疗疾病的症状。公元前1500年的医书上建议把莳萝放进一种酒和少量的葡萄干、椰枣子的混合物中，可以用来减轻疼痛。这种混合物先煮熟，滤去渣子，患者连服4天。一种缓轻头痛的药膏和治疗脖子疼痛的膏药中也含有莳萝。

▼ 手术器械

上埃及时期康孟波的索贝克和哈拉里斯神庙提供了古埃及人做手术的有力证据。下面这幅围栏墙上的浮雕来自古罗马时期，它描述了常用的手术器械

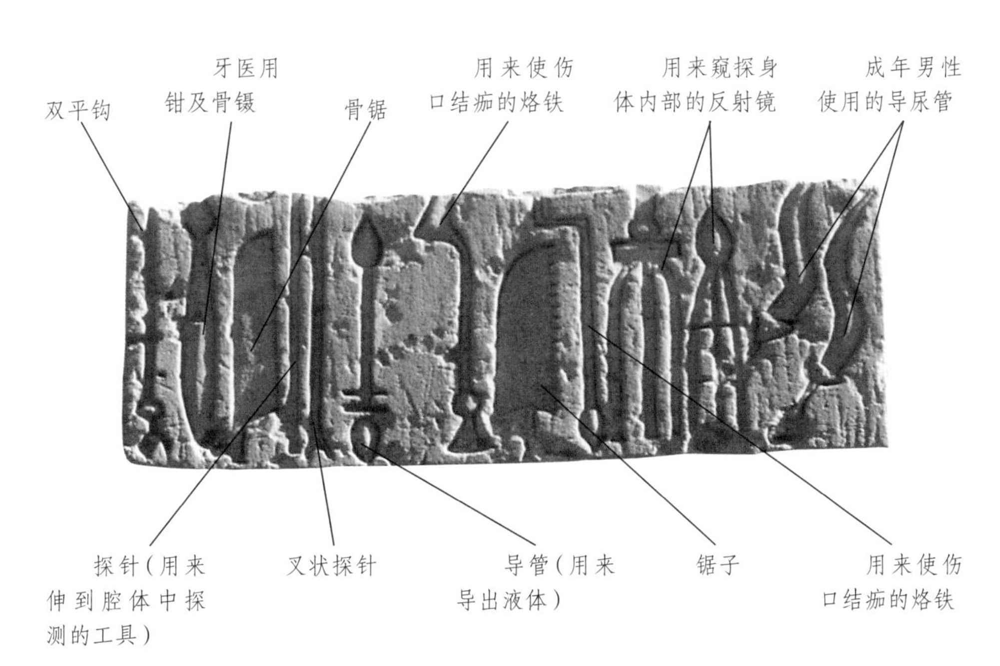

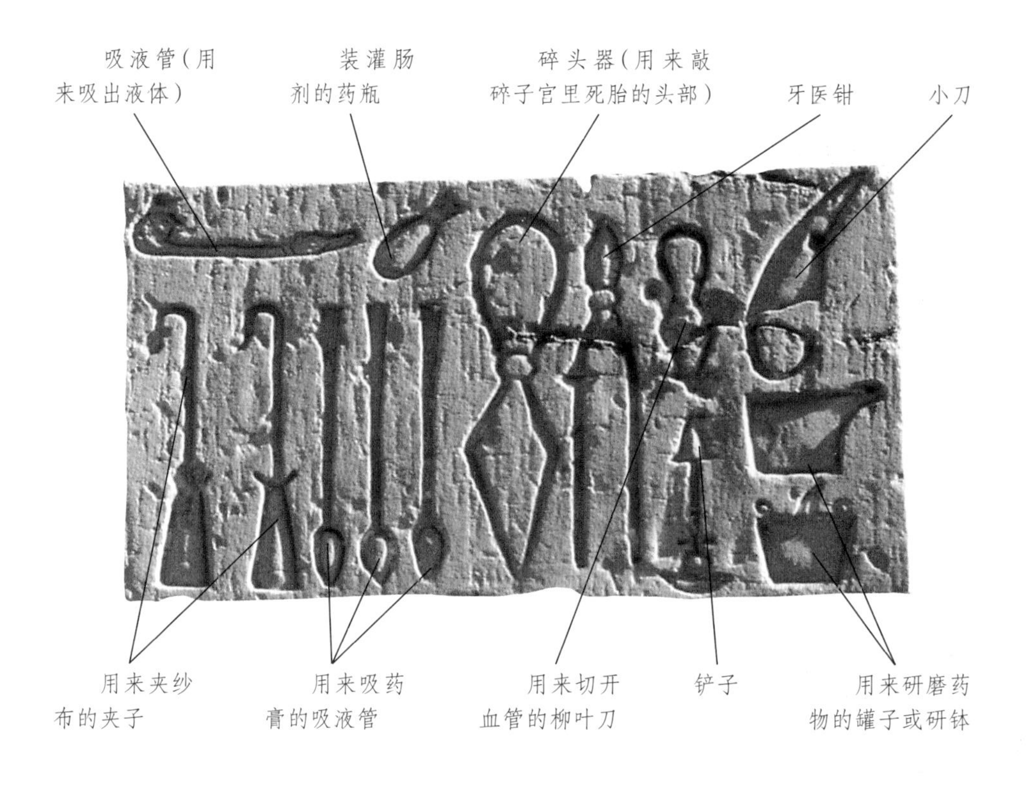
吸液管（用
来吸出液体）
装灌肠
剂的药瓶
碎头器（用来敲
碎子宫里死胎的头部）
牙医钳
小刀
用来夹纱
布的夹子
用来吸药
膏的吸液管
用来切开
血管的柳叶刀
铲子
用来研磨药
物的罐子或研钵

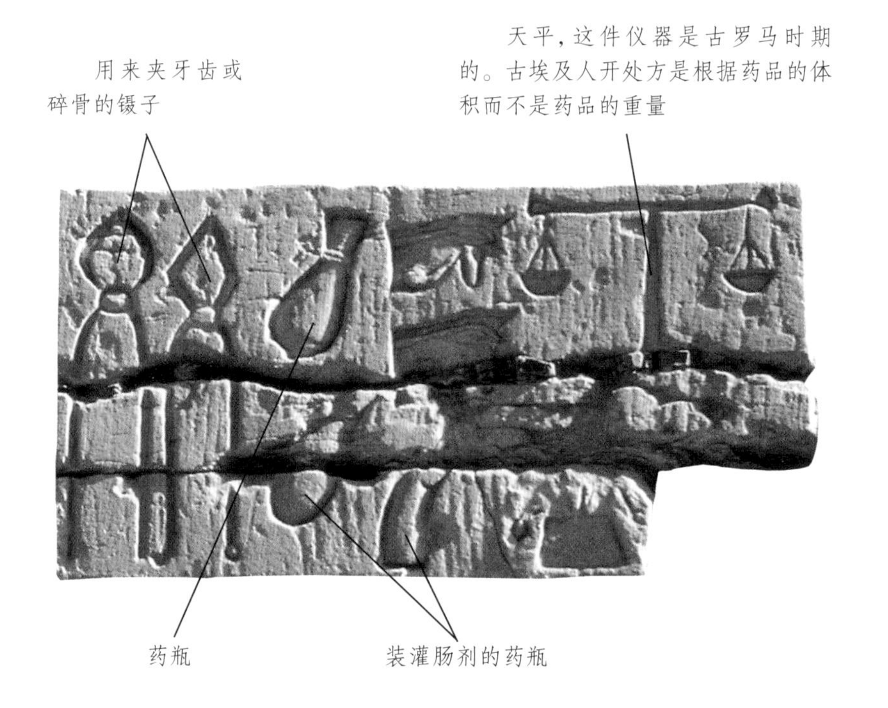
用来夹牙齿或
碎骨的镊子
天平，这件仪器是古罗马时期
的。古埃及人开处方是根据药品的体
积而不是药品的重量
药瓶
装灌肠剂的药瓶

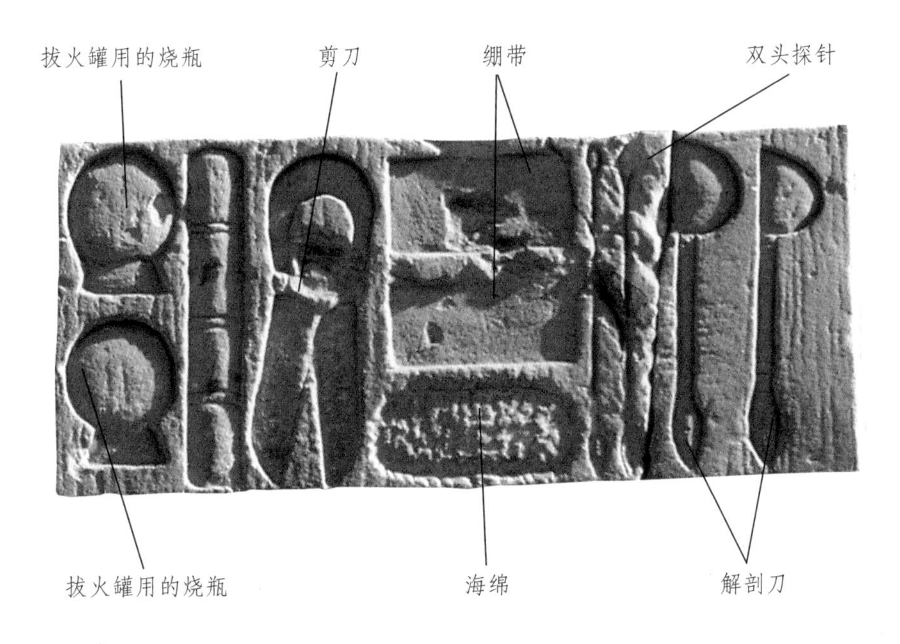

◀ **杜松，一种天然药物**

在古埃及医学书中经常提起杜松，可用来治疗内科和外科疾病。埃伯斯莎草纸书推荐说用杜松油与等量的“白油”混合，患者服用一天就能治疗绦虫病。一种主要成分是鹅油的杜松药膏也被用来治疗头痛

相关链接

医学纸莎草书文献

这些用象形文字写在莎草纸书上的文献主要收集的是为实习医生们写的治疗方法。除了详细的治疗方法外，上面还有咒符和咒语，表明了当时医学跟巫术的紧密关系。

各种各样的药物可以通过标题来辨认，标题一般标记成红色，概述该药品的用法，描述疾病的症状、疗法。这个例子（下图）来自切斯特·贝提（Chester Beatty）莎草纸书，与消化疾病有关。

古埃及人把咒语跟药物治疗结合起来，如果药物治疗没有效果的话，神马上就会帮助患者。将众多的医学文献都解密是一件很困难的事，因为目前研究者还没有能力辨认出所描绘的疾病和治疗所用的药物。

纺织品生产

墓室壁画和模型以及残留下来的布片遗迹告诉我们古埃及纺织品生产的所有情况，包括纤维的准备、纺纱织线、编织和给纺织品染色。

亚麻布，利用亚麻科植物亚麻的纤维纺织而成，它是古埃及人主要使用的布料。亚麻不是埃及的本土植物，它来自地中海东部地区利凡特，但是公元前5000年左右在尼罗河流域已经被广泛种植，这一点由考古学家在那个时期的坟墓中发现的亚麻布碎片证实。在前王朝时期（公元前5500—公元前3100）的坟墓中发现的其他布料碎片证实古埃及人已经使用了毛织品（羊毛和鹅毛），但是毛织品没有像亚麻织品那么流行。来自印度的棉花和进口的丝绸直到托勒密王朝时期（公元前332—前30）才传到埃及，而安哥拉山羊的长且柔软的马海毛，直到7世纪才传到埃及。

▶ **新王朝时期的亚麻布**

随着纱线的粗细和编织的疏密变化，古埃及亚麻布的质量变化多样，从相当粗糙的（如图中的日常使用的布匹），到用来做雕塑或者浮雕里透明精致的长袍的布匹

制线

亚麻变成亚麻纱线是一个很费时而且非常复杂的过程。亚麻收获得越早，纤维越好，越利于制作成纱线。为了得到尽量长的纤维，需从土壤里将亚麻拔出来，而不是用镰刀割。把干的亚麻浸泡好几天，以使亚麻外面的一层硬皮变松散。然后把它们放到太阳底下晒干，再把晒干的亚麻敲打成细的长条，通过两根棍子把细长条捋一遍，把里面的木质杂质清理干净。最后这些纤维被人工纺成纱线，这项工作通常留给女人来完成。

▶ **一个纺织作坊**

这个陪葬的纺织作坊模型是大约公元前2000年的遗物，是在德尔巴赫里的梅克特拉（Meketre）墓中找到的众多随葬品中的一件。它展示的是妇女从事织布工作的场景。3个人准备纺织时用的纤维；其他的人，有些人在准备水平织布机用的经线，有些人在纺线，还有的人在一台织布机旁工作。纺织工厂从来都不属于私人，而属于国家或寺庙

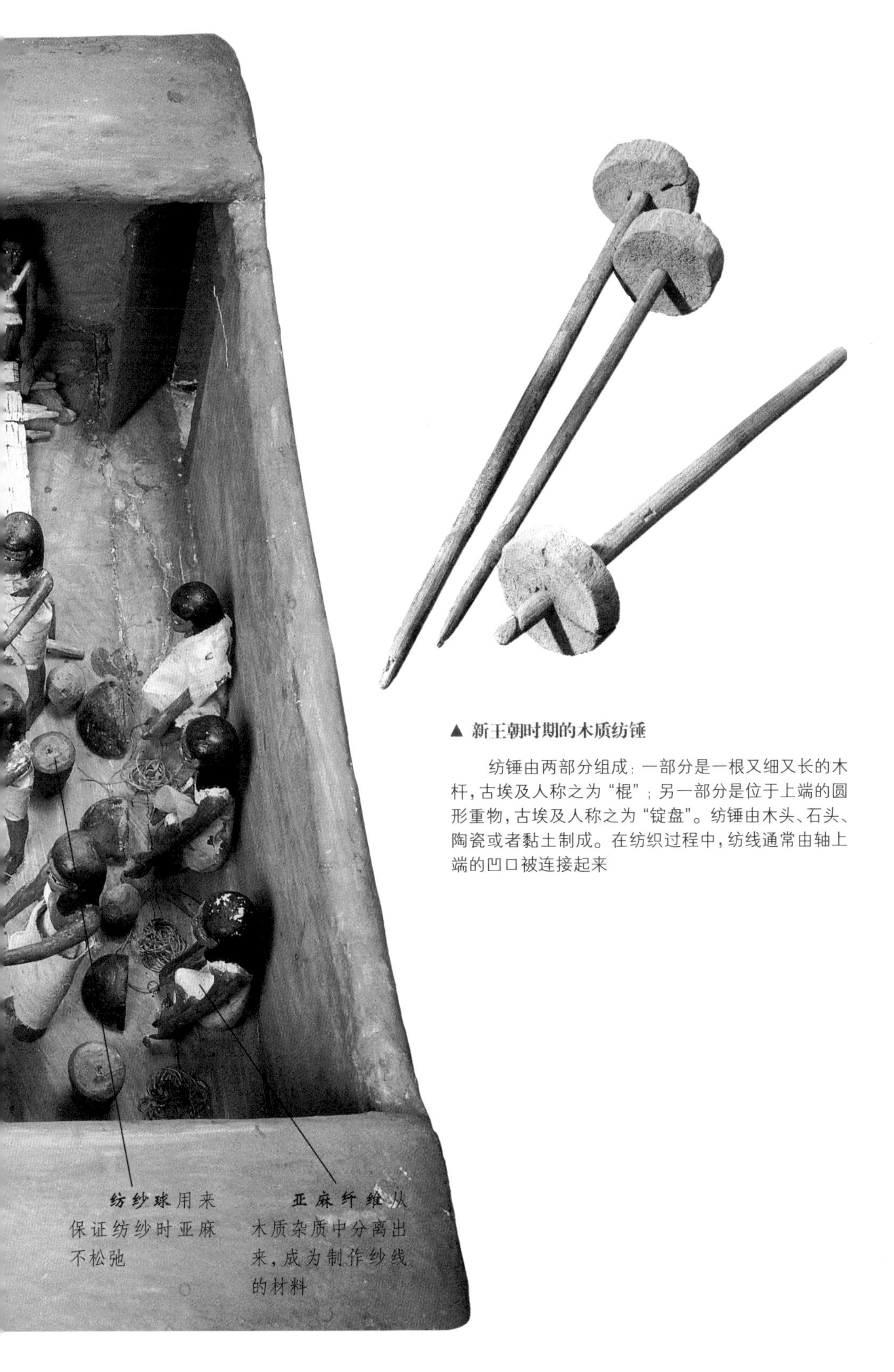

▲ **新王朝时期的木质纺锤**

纺锤由两部分组成：一部分是一根又细又长的木杆，古埃及人称之为“棍”；另一部分是位于上端的圆形重物，古埃及人称之为“锭盘”。纺锤由木头、石头、陶瓷或者黏土制成。在纺织过程中，纺线通常由轴上端的凹口被连接起来

▲ **纺纱的技术**

这幅图片表现的是第十一王朝时期（公元前2055—前1991）的纺纱工人正在工作。为了保证纤维不松弛，工人通过纺纱球上的小孔把纤维拉出来，同时纺锤快速旋转把纤维捻到一起，制成纱线。为了增加纱线的强度，中间的女人在每个纺锤上都捻了两股亚麻纤维

▼ **用水平织布机工作的女织布工**

水平织布机（如图所示）有两根杆，用来做支撑经线的梁固定在地面的桩子上，经线就绷在它上面。左边的女纺织工用一根杆子把经线的一部分抬起来，这样纬线就能穿过经线了。她的同伴用一块木质的调色板把经线压到织好的织物上，让它织得更结实

知识窗

颜色四溅

在新王朝（公元前1550—前1069）之前，彩色的纺织品是非常少见的。从新王朝开始，各式各样的染色技术才被大范围使用。说到颜料，古埃及人用天然的赭石来制造红色、黄色和棕色，并通过种植靛草和海草来获取蓝色和红色。他们染的是线而不是整匹的布，并用彩色的线织出几何图案（右图为德尔麦迪那（Deir el-Medina）的亚麻布），或者用这些线来装饰领口或长套衫的接缝。如果宫廷里某个级别很高的人对它感兴趣，也可以在上面织出各式各样的图案。在科普特时代[处于罗马帝国的分裂（395年）和伊斯兰征服埃及（641年）之间]，彩色的纺织品变得很丰富，虽然羊毛比亚麻染起色来要容易得多，但此时羊毛在埃及的日常生活中逐渐变得不常用了。当时的长套衫流行用宽带子作装饰，这些带子都是彩色的，而且大部分都织有各式各样的图案（下图，6—7世纪）。作为自然世界的反映，纺织品上的图案或来自基督教符号系统中的灵感，或以希腊几何元素为依据。

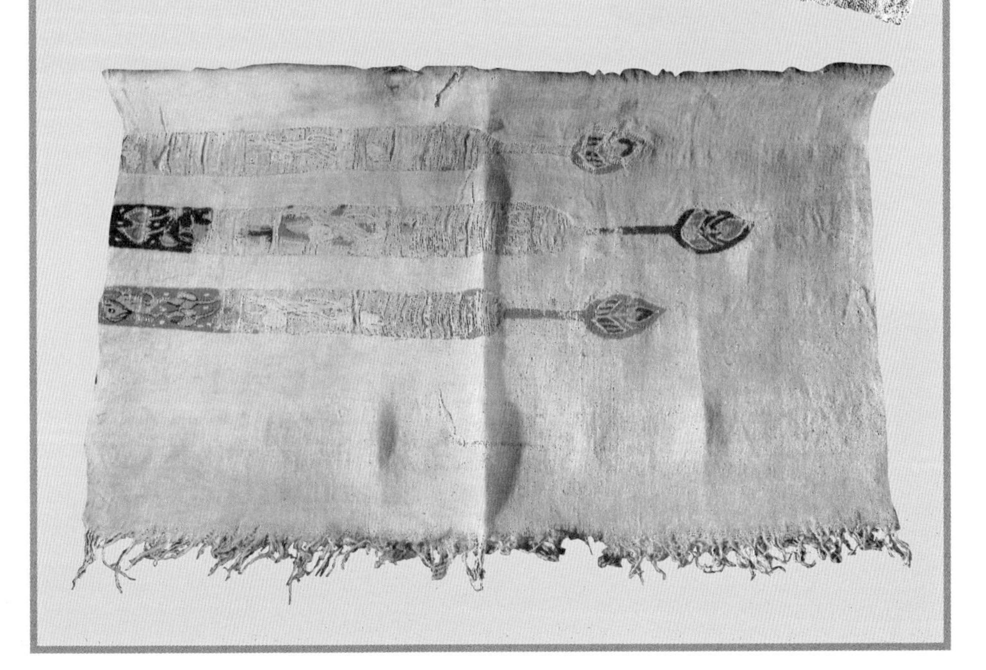

古埃及有两种织布机。妇女们通常使用水平织布机，这种织布机构造比较简单，只是作为经线梁的棍子必须固定在地上。这种织布机最大的缺点是用它织出来的布，长度永远不可能比织布机本身长。根据墓葬壁画显示，只有男性才使用垂直织布机，这种织布机要复杂得多。两根经线梁可以转动，以便让纺织工人把织好的布卷起来，这样就能织出很长的布。

纺织技术

最流行的织布方法就是简单的亚麻织法——经线和纬线交错相织。根据线的粗细和质量不同，这种织法可以织出种类繁多的布。要想改变这一类型，最常见的办法是将两三根经线和纬线绑在一起，现在我们已经知道这种织法叫作“巴拿马”织法。在第十八王朝时期（公元前1550—前1295），一种现在叫作“哥白林”的技术被引进，这种技术是用几种彩色的纬线来织图案。

◀ 席子和篮子

这个浮雕展现的是一个人准备用植物纤维编席子和篮子。古埃及的席匠和篮子匠对于植物有一个取材范围，主要是棕榈树的主叶脉或各种类型的芦苇，也有可能是麦秆、哈法草、酒椰纤维、香蒲和纸莎草。使用的技术是盘、绕、编织和织草辫。浮雕和墓穴壁画显示，这主要是牧羊人的工作，因为他可以在野外一边照看羊群一边编草辫

接下来要将织好的布洗净、叠好，还要根据其纺织时的稀薄度或密度来分类。质量好的用来做衣服，其他等级的布用来做纱布或另作他用。

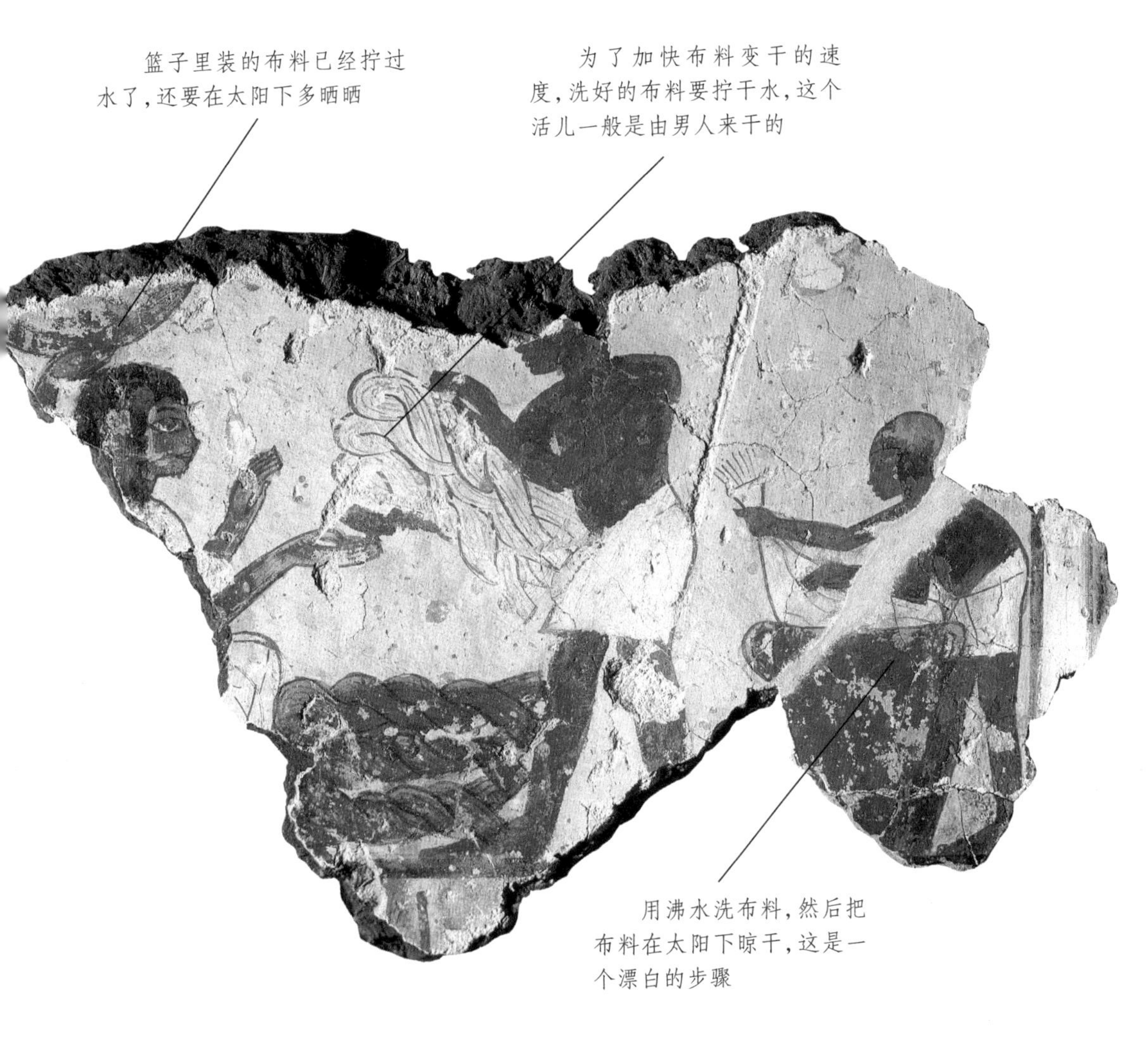

▲ 可以用了

新王朝时期的墓穴壁画展现了纺织品制作过程的最后一步——洗布。右边的男孩把一匹布浸到洗衣盆里。中间的男人已经绞干了几匹布的水并把它们递给一个蹲在地上的女人。她等着把它们弄干

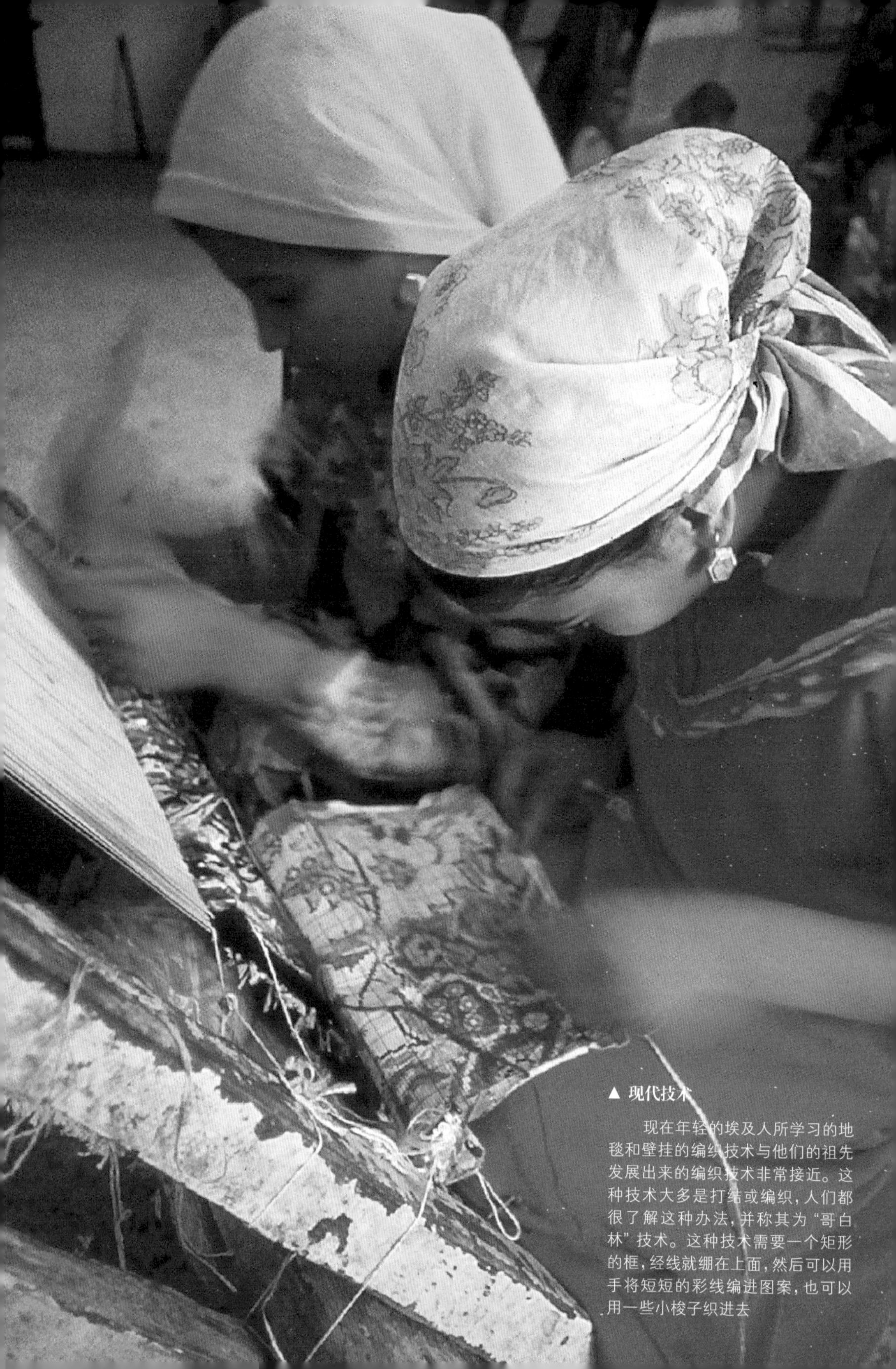

▲ 现代技术

现在年轻的埃及人所学习的地毯和壁挂的编织技术与他们的祖先发展出来的编织技术非常接近。这种技术大多是打结或编织，人们都很了解这种办法，并称其为“哥白林”技术。这种技术需要一个矩形的框，经线就绷在上面，然后可以用手将短短的彩线编进图案，也可以用一些小梭子织进去

古埃及的船只

尼罗河对古埃及的经济和精神繁荣起着非常重要的作用，因此，古埃及人从新石器时代起就开始造船。从简单的纸莎草小舟到木质的航海大船，形式多种多样。

由于地理结构的作用，埃及有一条狭长的富饶土地沿着尼罗河一线延伸，因此水路就成了早期旅行、交流和贸易的重要方式。早在新石器时代（公元前6000—前5000年）古埃及人就开始建造船只，人们在这个时期的坟墓中发现了船只的陶瓷模型。这个时期的船只大都是平底无篷的小船，由一捆捆晒干了的纸莎草制成。从公元前4000—前3100年，船只图案是古埃及人用来装饰陶器的流行题材。

▼ 未加工的材料

纸莎草（一种莎草属植物）的茎一个季度可以长到大约3米高，在古埃及时代，它是制造船只的主要材料。人们先把纸莎草的茎晒干，然后捆扎起来，用来捆扎的绳子也是由这种植物的纤维做成的。古埃及盛产纸莎草，它的用途非常广泛：茎的外皮可以用来编织凉鞋、席子和篮子，其他部分则可以作为书写用纸的原料、食物和药品

木船

从内加达文化第二阶段（公元前3500—前3100年）时期的坟墓中出土的文物表明，那个时期的木匠已经拥有熟练的建造木船技术，但是人们所发现的最早的木船却晚于公元前3000年。最近，在位于阿拜多斯的早期王朝时期王室墓地，人们发掘出了20条长约20米的木船。这些木船是一个法老陪葬品的一部分，据推测，这些船可能是供法老横穿由太阳神掌握的天空用的。

捆扎用的**绳子**也是用纸莎草做成的，工人要利用整个身体作为支架把它绷紧

纸莎草捆捆扎得很紧很紧，这样它就能够防水

木质甲板可以加固由纸莎草做成的大驳船的内部

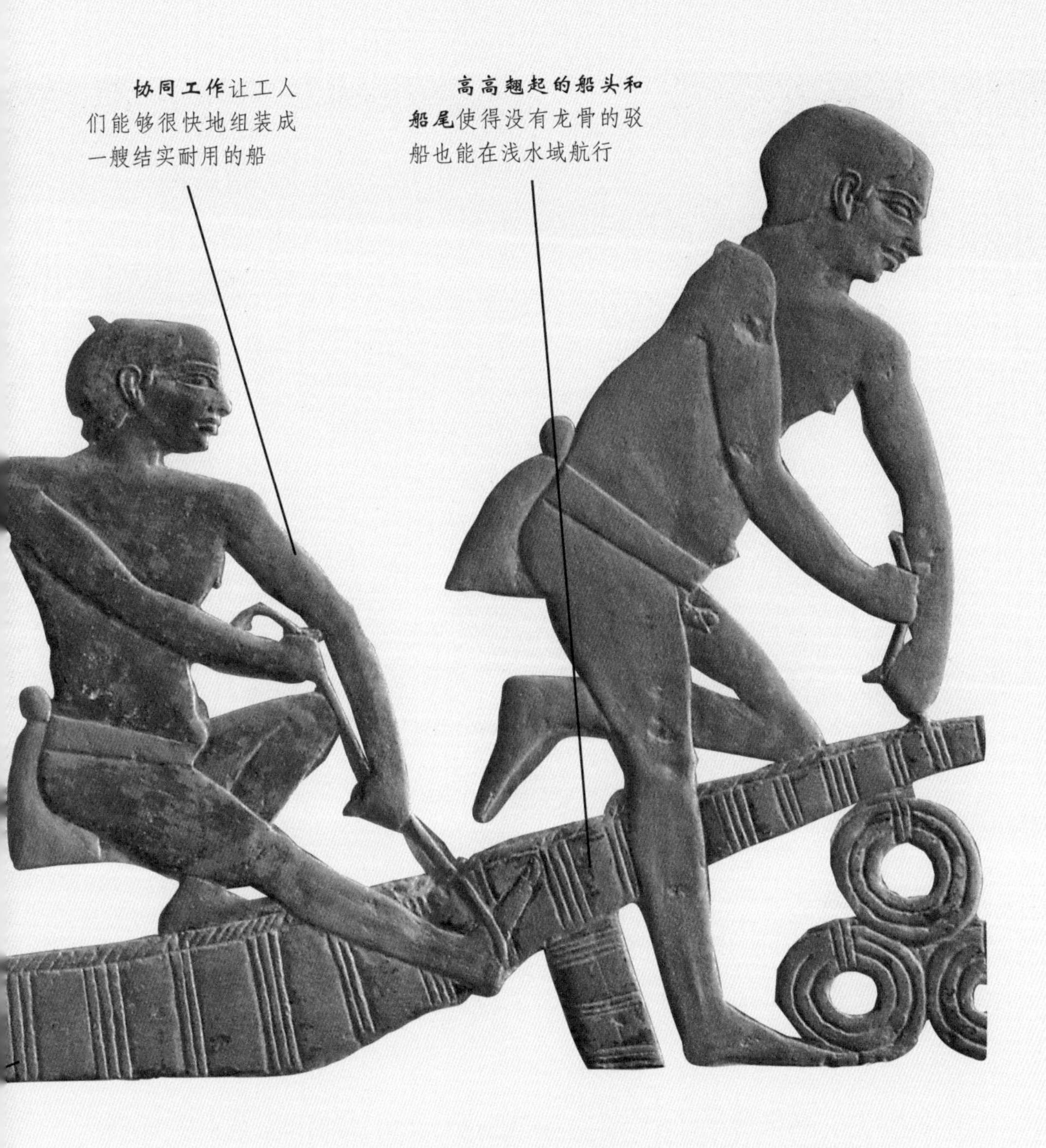

▲ 由纸莎草做成的船

蜿蜒的尼罗河两岸，生长着极为丰富的造船的主要材料——纸莎草。用纸莎草造船的方法特别简单，即使是古埃及最穷的人，也能承担得起建造一艘纸莎草船的费用。贵族们通常乘坐这种快速、灵活的纸莎草船去三角洲浅浅的湿地捕捉鸟类、鱼类和河马，农民们则把纸莎草船看作是去尼罗河中打鱼，或者运送农产品、家畜去当地市场的工具。用纸莎草做成的绝大部分船是只能容纳一两个人的小船，利用撑篙或者船桨来推进和掌握方向，就像现代的撑船一样。有些用纸莎草做成的比较大的驳船，有17米长，所用的方法与制造小船的方法一模一样。这种大船有很厚的木头做成的甲板，船上有两排大约12个划桨者，有些还安装了风帆。由于纸莎草的局限性，制造出来的船不能太大，否则船就会不牢固、不安全

▲ 尼罗河上的交通

从前王朝时期开始，无论是从人们互相交流的角度，还是从鱼类和其他食物来源的角度，尼罗河在古埃及都占据绝对重要的中心位置。河面上每天有很多船只来来往往，热闹非凡。渔民们驾驶着大大小小的船只在尼罗河上撒网捕鱼，河上还有富人们的游船、运送货物和牲畜的货船、送葬的船，甚至还有为宗教仪式运送神像的船

从那以后，越来越多的木质船（包括游览船、葬船、货船以及后来适于远航的商船）取代了相对脆弱的由纸莎草制造的小船，而纸莎草这种造船原料，只有渔民和穷人还在使用。公元前3100—前3000年，古埃及的船员开始使用美索不达米亚地区自从公元前3500年就开始使用的风帆。有时候，古埃及人用长方形的风帆代替船桨，有时候帆、桨并用，互为补充。当船要逆流而上的时候，船员们就使用风帆，利用来自北方的盛行风前进；当船要顺流而下的时候，船员们就使用船桨。上图浮雕描述的就是一艘正在南行的帆船，如果把风帆卷起来，船就会掉头北上。

相关链接 **植物制成的船**

古埃及人利用一捆捆的纸莎草制造的小船在浅水区域航行，这是一种利用富含纤维的植物的茎制造的船只。这一传统至少和最早期的美索不达米亚居民使用的一样年代久远，并直到现在那些依靠内陆航运但又缺乏木材的地区仍然保留着这一传统。

自从公元前4000年芦苇船在底格里斯河和幼发拉底河之间航行，以及早期中国人使用这种小船在他们的大河中探险开始，这些船的建造技术几乎没有任何变化。想必古埃及的渔民使用今天我们看到的这种小芦苇船（如右图所示）在的的喀喀湖（Lake Titicaca）做沿海航行时会觉得非常自由。

木船是在造船厂建造的，然后再委托别人售船。造船用的木头是当地的西克莫无花果树（基督教《圣经》中的桑树）和阿拉伯胶树，或者是进口的木材，比如来自黎巴嫩的松树。

一项正在发展的工艺

船只实物的遗迹，比如在通向胡夫金字塔的隧道里找到的由黎巴嫩雪松制造的皇家驳船，或者在位于达舒尔（Dahshur）的王室墓地发掘的中王朝时期的船只，以及坟墓中的木质船只模型，使得我们能够追溯尼罗河水上交通的历史以及异常缓慢发展的造船工艺。人们能够在所有种类的模型中看到船舱、遮阳篷以及其他细节。

有关船只的图画随处可见，比如墓穴的浮雕画的是造船的情景；壁画画的是河上日常航行的景象；寺庙墙上画着神（或者至少是神像）在水生仪式中的旅行。

船主坐在凉篷下面，凉篷搭在木棍制成的框架上

▶ **木船及其全体船员**

到了中古时期（公元前2055—前1650），坟墓中陪葬的木质船只模型就很常见了。有些模型是游乐船模型，有好多个水手操作，而死者坐在一个四面通风的船舱里。其他的模型是葬船。这些小的船只模型重现了死者通向死亡的旅程，也表现了到阿拜多斯（Abydos，古埃及冥神欧西里斯的朝拜中心）朝圣的情景，这是为了赢得死神的欢心

木质船员们的**胳膊**通常是先单独雕刻好，然后再组装到一起

舵手站在船尾，手里拿着船桨，船桨用来控制船的方向和估计水的深度
水手们没有座位，他们跪在船甲板上
颜料和灰泥的痕迹表明这个木船模型曾经被装饰过，以使它看起来更加逼真

▲ 一个高官的船

这幅画来自卡埃姆瓦塞特（Khaemwaset）位于底比斯的墓地。卡埃姆瓦塞特是生活在第十八王朝（公元前1550—前1295）权位很高的大臣。这幅图画的是他的木船，上面满是装饰画。船的中间是船舱，沿尼罗河航行的时候，他就可以坐在船舱里面，以免被晒。船尾有一个很大的方向舵，上面绘有守护神瓦吉特女神（Wedjat）的眼睛，船尾的末端是由纸莎草制成的伞状花序。一个只是简单地在腰上围了块缠腰布的船员正在卸载货物——一个密封的罐子，里面可能装着酒。同一座坟墓的其他绘画画的是正在工作的酿酒工人

▲ **永恒的旅程**

太阳神每天晚上沿着地下的尼罗河穿过阴间，然后白天穿过天空。因此死者的坟墓里一般都置有一个船棺或者一个船棺模型，人们可以通过镰刀状的船头和船尾辨识，这样死者就可以跟随着太阳神的船旅行

▼ **优美的形状**

太阳神的船（法老的船也一样，因为它是仿照太阳神的船建造的）有一个形状优美的龙骨，它从船尾的双桨之间翘起来，然后尾部突然弯曲，这种形状是以纸莎草的伞状花序为原型的，是辨别从阴间来的船的标志

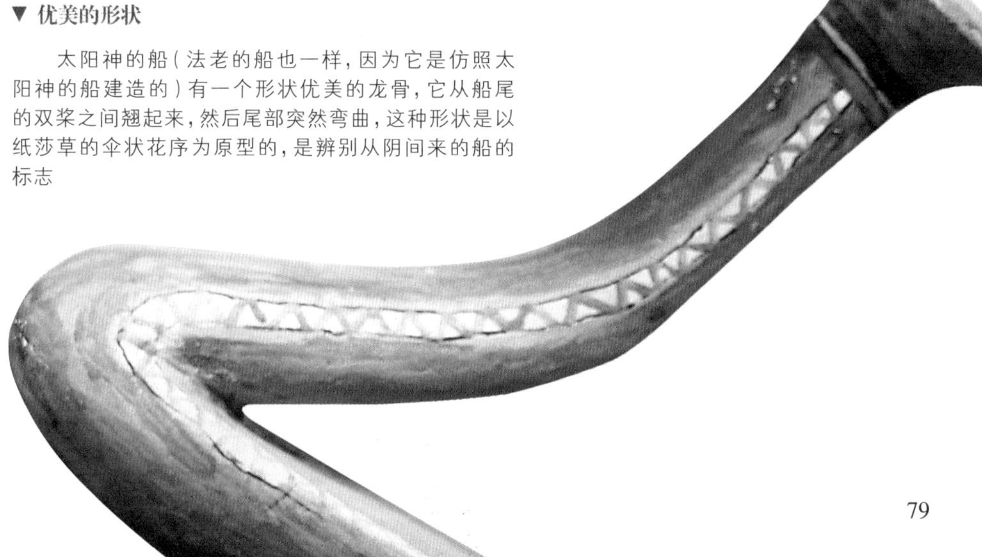

武器

古埃及最早的武器，比如长矛和战斧，跟他们打猎时使用的武器或者工匠们使用的工具几乎没有什么区别。后来，古埃及人慢慢发明了专门用于战争的武器，他们的发明通常受到外国侵略者的影响。

古王朝时期和中古时期，古埃及的士兵们非常缺乏武器装备。自从前王朝时期以来，他们武器的发展只是把石质刀片换成铜质刀片。重步兵装备的是木头和皮革做的盾牌及用铜做头的长矛和剑；轻步兵装备的则是由某种青铜合金做成的弓和粗糙的箭以及芦苇做的长矛。一般士兵既没有保护头部的头盔，也没有保护身体的盔甲。直到新王朝时期（公元前1550—公元前1069），武器的式样和质量才得到改进。

▼ 青铜制作的短剑

古埃及最早供短兵相接搏斗时使用的短剑是将石头或者铜质刀片跟装饰性的把手固定在一起。后来，古埃及人用青铜铸造了剑身与剑鞘于一体的短剑，因此更加坚固、锋利

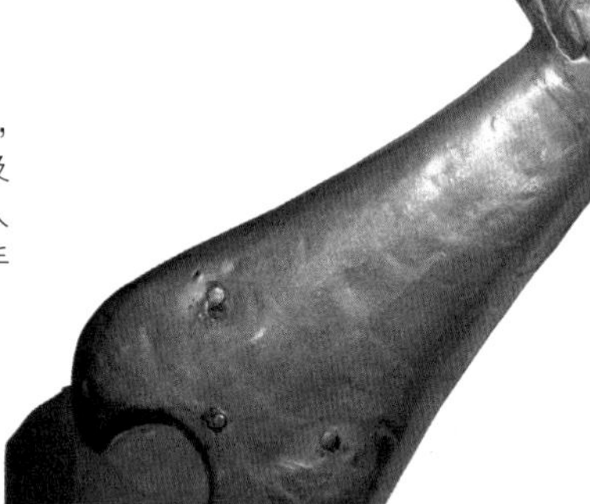

► 前王朝时期的武器

在早期王朝时期（大约公元前3100年）以前，古埃及人从未用铜制造过武器，锋利的箭头、刀以及短剑都是由石头制成的。为了安全起见，古埃及人把刀刃放在把手里面，就像图中这把短剑一样，把手通常是由木头或者有浮雕装饰的贵重金属制成的

▼ **法老的军械库**

在位于底比斯城的克纳蒙（Kenamon）的坟墓中，有描述法老在战争中使用的武器的绘图。克纳蒙曾做过法老阿蒙霍特普二世（公元前1427—前1400年在位）的总管。绘图中，武器应有尽有，有弓、箭、箭囊、剑、短剑、战斧、棍棒和重头棍棒、链锁甲披风、盾牌和头盔，等等

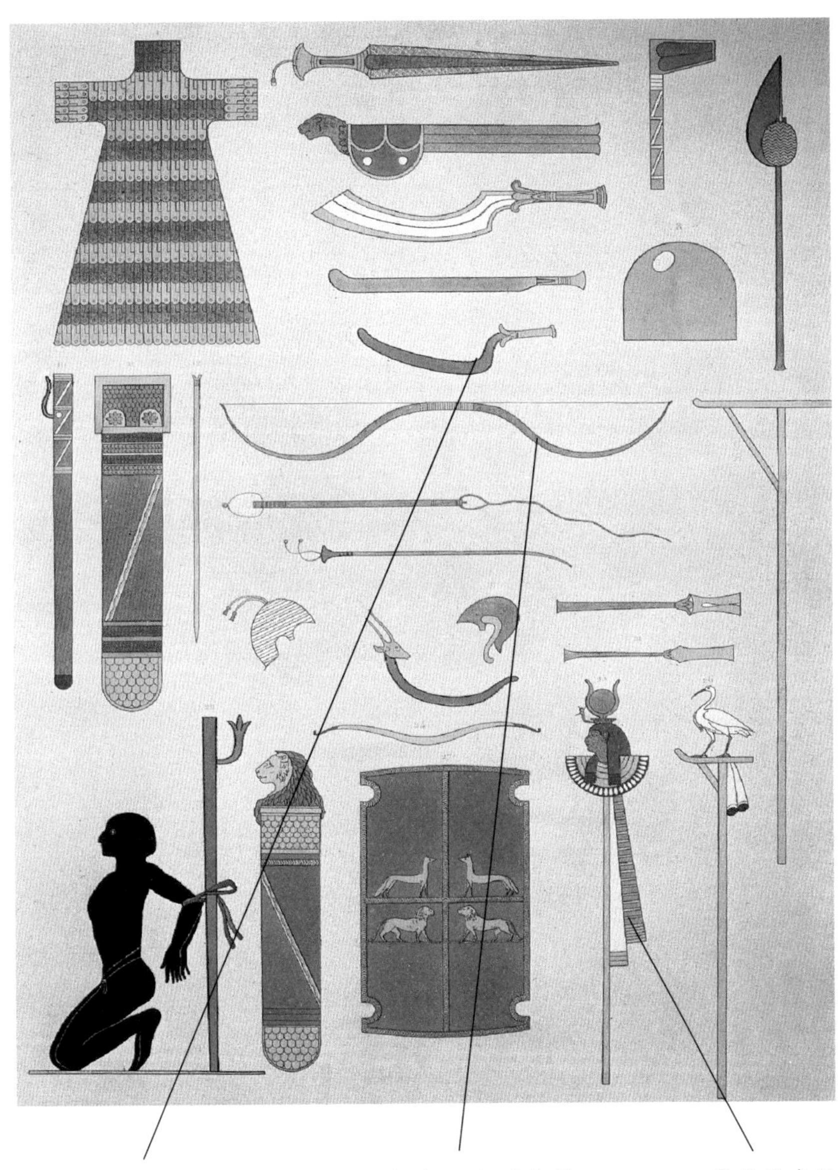

弯月剑（khepesh）是新王朝时期出现的一种弯曲的剑，由青铜做成

努比亚人手持的**双曲拱弓**是一种强有力的武器

军旗用来区分各种各样的军队单位

◀ **战斧**

人们通常很难区分士兵们使用的战斧和工匠们使用的斧头。最早的金属制成的斧头是用铜做的，形状是半月形；而青铜做成的斧头，就像左图所示，直到公元前2000年左右才出现

▼ **兵工厂**

在新王朝时期，为了满足远程贸易以及远征近东和苏丹的需求，使得古埃及人对武器的需求量大大增加。在拉美西斯二世（公元前1279—公元前1213年在位）统治时期，在古埃及的北部首府孟菲斯城，军械库和兵工厂的数量大增

在新王朝时期，**古埃及士兵使用的弓**形状是三角形，而不是以前那种双曲拱形。双曲拱形的弓无论是使用还是制造都比三角形的弓困难得多

一个军械士正在用一把扁斧削刻用来做弓的木头

箭头是用青铜铸造的，以便更好地跟芦苇做成的箭杆连接起来

▶ 箭囊

细长的箭平时是放在箭囊里的，士兵们把箭囊背在肩上，用一条皮带固定位置。右图所示的这种圆柱形的箭囊模型，在新王朝时期就出现了。到了后来，箭囊就被固定在战车上，这样弓箭兵取箭射击的时候就更加容易了

▶ 片斧

最早的斧头是把一片半月形的铜质刀片嵌在一根木棒上。长长的刀片是为了更好地切割，而不是像后来的战斧那样，主要用途是砍

▶ 弯月剑

从第二过渡时期（公元前1650—公元前1550）到新王朝时期初期，古埃及人借鉴了亚洲国家的许多武器装备。包括著名的弯曲的剑——弯月剑。在战斗中，法老经常挥舞着这种武器。弯月剑是由纯铜铸成的

国外的影响

新王朝时期是古埃及武器质量和数量一个重要的转折点。在第二过渡时期（公元前1650—前1550），亚洲的一个部落，西克索王朝（Hyksos）曾经入侵过古埃及。在战争中，他们引入了战车，并且拓展了对马匹的使用。古埃及军队采纳了这种装备，并且产生了一种新的军团，由战车驾驶员和战车上的士兵组成的“战车军团”。

在新王朝时期，古埃及军队开始采用他们的敌人——叙利亚人（Syrians）和赫梯人（Hittites）的更先进的武器和装备。三角形的弓、头盔、链锁披甲和弯月剑已经成为古埃及士兵的标准装备。同时，随着古埃及人在大量的合金试验中添加不同比例的锡和铜，青铜制品的质量也提高了。但是，虽然赫梯人已经使用铁质武器，古埃及军队装备铁质武器却是在很长时间以后。后来，外国的雇佣兵们也带来了他们自己国家的武器和战术战略。

战争中的法老

法老既是战争的发动者也是军队的最高指挥官，经常带领军队参加战斗。他的身份不单单是一个实际角色，他的形象还代表着埃及甚至宇宙。

从早王朝时期开始，人们就经常把法老描绘成用权杖或者战斧痛击敌人的形象，就像右图中的浮雕一样，该浮雕描述的是拉美西斯二世正在恢复由神创造的这个世界的和谐景象。

亚洲战俘长着一小绺胡须

努比亚战俘的标志是他的黑色皮肤

▶ **盾牌**

古埃及士兵的主要防守武器是木质盾牌，外面覆盖着动物的皮毛。由铜质鳞片做成的链锁披甲直到新王朝时期才出现

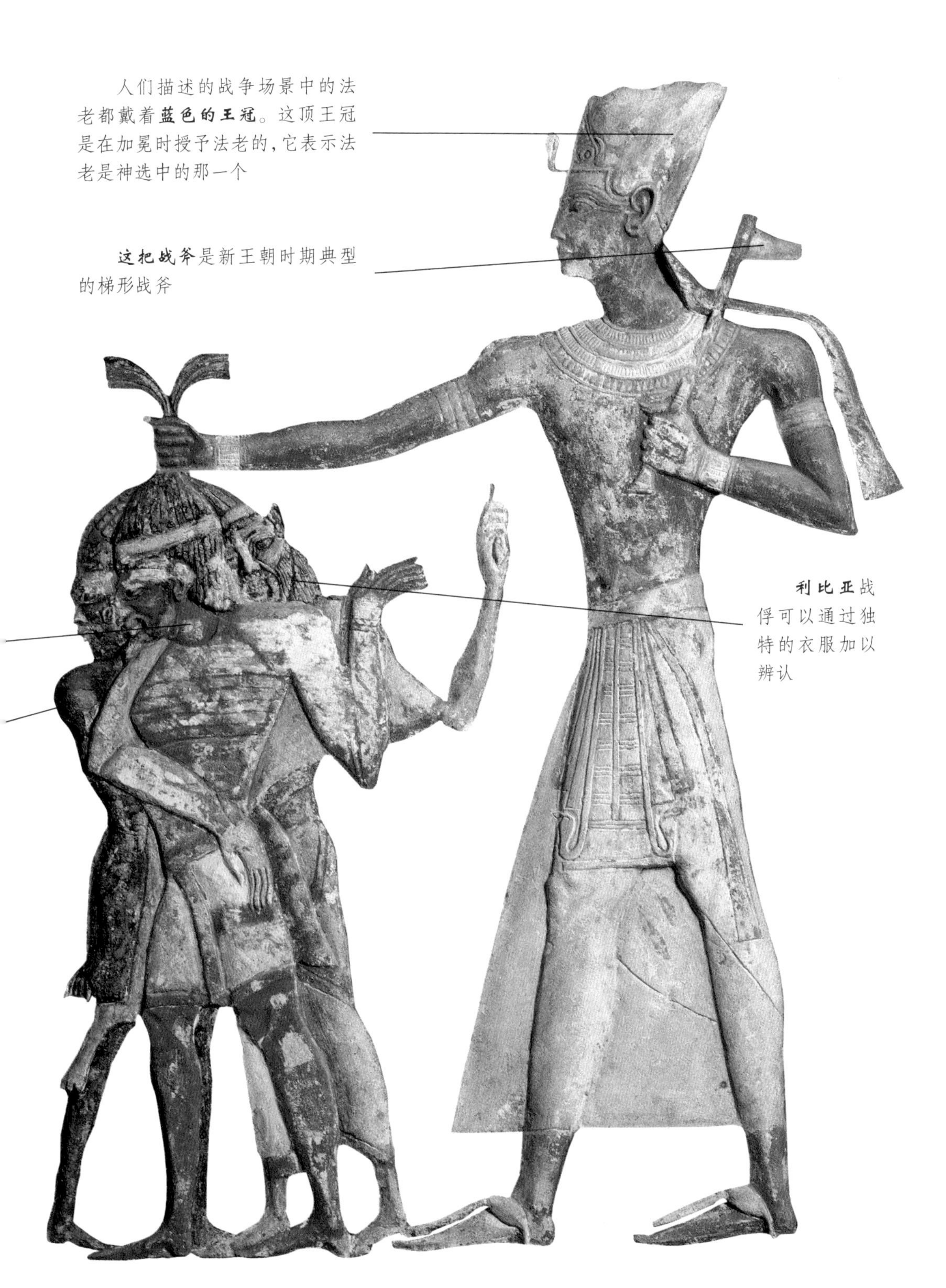

人们描述的战争场景中的法老都戴着**蓝色的王冠**。这顶王冠是在加冕时授予法老的，它表示法老是神选中的那一个

这把战斧是新王朝时期典型的梯形战斧

利比亚战俘可以通过独特的衣服加以辨认

知识窗

战车

在第二过渡时期（公元前1650—公元前1550），来自巴勒斯坦的西克索王朝把战车引入古埃及，改革了近东的战争行为。战车上共载有两个人，一个是驾驶员，一个是拿着弓、箭和长矛的士兵。战车由木质框架和木头或者皮革的车厢壁组成，下面固定着一个轮轴支撑两个车轮。

两匹套着轭具的马束在辕杆上，辕杆的末端有一对轭具。古埃及轻量级的战车速度很快而且容易驾驭，在战斗时可以很快地穿过一排排敌人，并把他们砍死。

左图的浮雕位于卡纳克神庙多柱式大厅的外墙，描述的是法老塞提一世（公元前1294—前1279年在位）在卡迭石战役凯旋时兴高采烈的情景。拉战车的马披着华丽的盔甲，身上装饰着鲜艳的羽毛。

◀ **雇佣兵**

古埃及通过招募外国雇佣兵来扩充军队的数量，雇佣兵使用他们自己的武器。图中的努比亚雇佣兵穿着皮革制成的网状物来保护身体

▶ **长矛**

长矛是在前王朝末期由猎人们发明的。历经数千年，与其他武器相比，长矛几乎没有什么改变，只是矛尖由石头换成了铜，后来又换成了青铜

▼ **远征军**

由法老哈塞普苏（公元前1473—前1458年在位）派到庞特（Punt）地区（位于苏丹南部）的士兵装备有长矛、盾牌和战斧

文字

由于古埃及文字的特殊性，再也没有比书吏更好、更重要的工作了。在这样一种行政结构非常复杂的文化里，书吏占有极其重要的地位并不奇怪。在早期的古埃及历史里，人们建立了大量的政府部门来管理食物的储藏和供应、劳动力和建筑工程、财政、法律等事务，同时专门有一个部门来管理书吏。很多有钱人都给自己造墓碑，上面有书吏的记录。有些记录来自负责帝王谷修建坟墓的工人所居住的村庄，它们说明书吏在这一工程中所起的作用是多么重要。

有用的证据

历史学家们可要好好感谢那些书吏。他们的存在使我们能从考古学的记录来推测那时人们的生活。比如，寺庙的铭文可以告诉我们这些建筑的各个部分起着什么样的作用。雕刻纪念碑并不是为了记录一些信息，而是为了达到某种目的，这种目的可能是为了确保宗教仪式一直延续下去，哪怕最后没有人来举行这些仪式。

▼ 文字记录

为了形象化地阐明古埃及研究中文字的重要性，这些图片向我们展示了罗塞塔（Rosetta）石碑、节德－托特－埃夫－安科（Djed-Thoth-ef-Ankh）石棺残片上的象形文字，以及古埃及社会的关键人物——书吏的塑像

罗塞塔石碑

拿破仑·波拿巴在埃及战役(1798—1801)期间,他的一个上尉获得了重大发现——一块用3种字体雕刻的石碑。这块石碑给我们提供了破译古埃及象形文字的钥匙。

拿破仑1798年的埃及远征并不仅仅是一次切断通往印度(英国财富的主要来源)的苏伊士运河的军事行动,他还有着文化和科学上的目的。拿破仑带着他的数学家、经济学家、艺术家、建筑家、音乐家和工程师仔细研究了这个国家的每个细节。因此,尽管他的军事行动遭受了惨败,但在其他方面,获得了引人注目的成果。

▼ **让·弗朗索瓦·商博良**

1801年,法国人让·弗朗索瓦·商博良(Jean-Francois Champollion,1790—1832)带着罗塞塔石碑的雕版离开了埃及。利用这些副本,让·弗朗索瓦·商博良于1822年开始破译这些象形文字。1828年,作为弗朗哥-托斯卡纳(Franco-Tuscan)探险队的成员之一,他和他的朋友、古埃及学家伊波利托·罗塞里尼(Ippolito Rosellini,1800—1843)一起去了埃及和努比亚。这幅画画的是他们俩在埃及的情形,商博良坐在中间,罗塞里尼站在他的右边

相关链接 三种文字的文件

罗塞塔石碑刻的是公元前196年孟菲斯祭司向托勒密五世埃皮潘恩斯法老（公元前205—前180年在位）授予特殊荣誉的法令。这是为了给寺庙的服务而作的，包括减少赋税等内容。多亏这一法令在同时期不同石柱上有副本，表明法令的文本已经被重建了。由于罗塞塔石碑是用象形文字（圣书体）、俗体、希腊文3种字体刻成的，所以它成了破解象形文字的钥匙。

希腊文文本显示托勒密五世的名字，商博良用它来和椭圆里的象形文字做比较

象形文字符号用来把托勒密王室成员的名字写在椭圆里，这是商博良确定的第一个象形文字

象形文字出现在石碑的上部

俗体文字用于日常书写的文件或合同，位于石碑的中部

希腊文文本位于石碑下部，帮助人们解读象形文字

◀ **理解象形文字的钥匙**

罗塞塔石碑是一块1.14米高的花岗岩石板。在被筑进城堡的墙壁之前，这块石碑是放在一个开放的拱顶上的，装在一个画着各种神的带翅膀的圆盘上

在英国属地上

法国舰队刚刚在这个国家登陆，就在尼罗河战役（1798年8月1日）中被尼尔森（Nelson）摧毁了。3年后，法国军队在亚历山大附近被英军打败，并被迫将他们的军队搜集到的所有古埃及的遗物移交给英军。这些遗物中就有1799年被拿破仑的官员弗朗索瓦发现的罗塞塔石碑。

▼ 罗塞塔堡

罗塞塔（Rosetta）或称拉什德（Rashid）是尼罗河三角洲的一个小镇，在亚历山大附近。它是一座中世纪城堡的遗址，法国人称这座城堡为福特·朱利安堡。1799年，工程公司里的法国士兵接到命令来加固这座城堡的防御工事，以防土耳其和英国军队来袭。在挖掘过程中，弗朗索瓦·夏威尔·波查德（Francois-Xavier Bouchard）注意到了嵌在墙体里的石碑。波查德意识到他这一发现的重要性，立刻把这件事通报给了他的上级。罗塞塔石碑作为英国人得到的战利品之一，目前被收藏在伦敦的大英博物馆里

历史档案

拿破仑和商博良

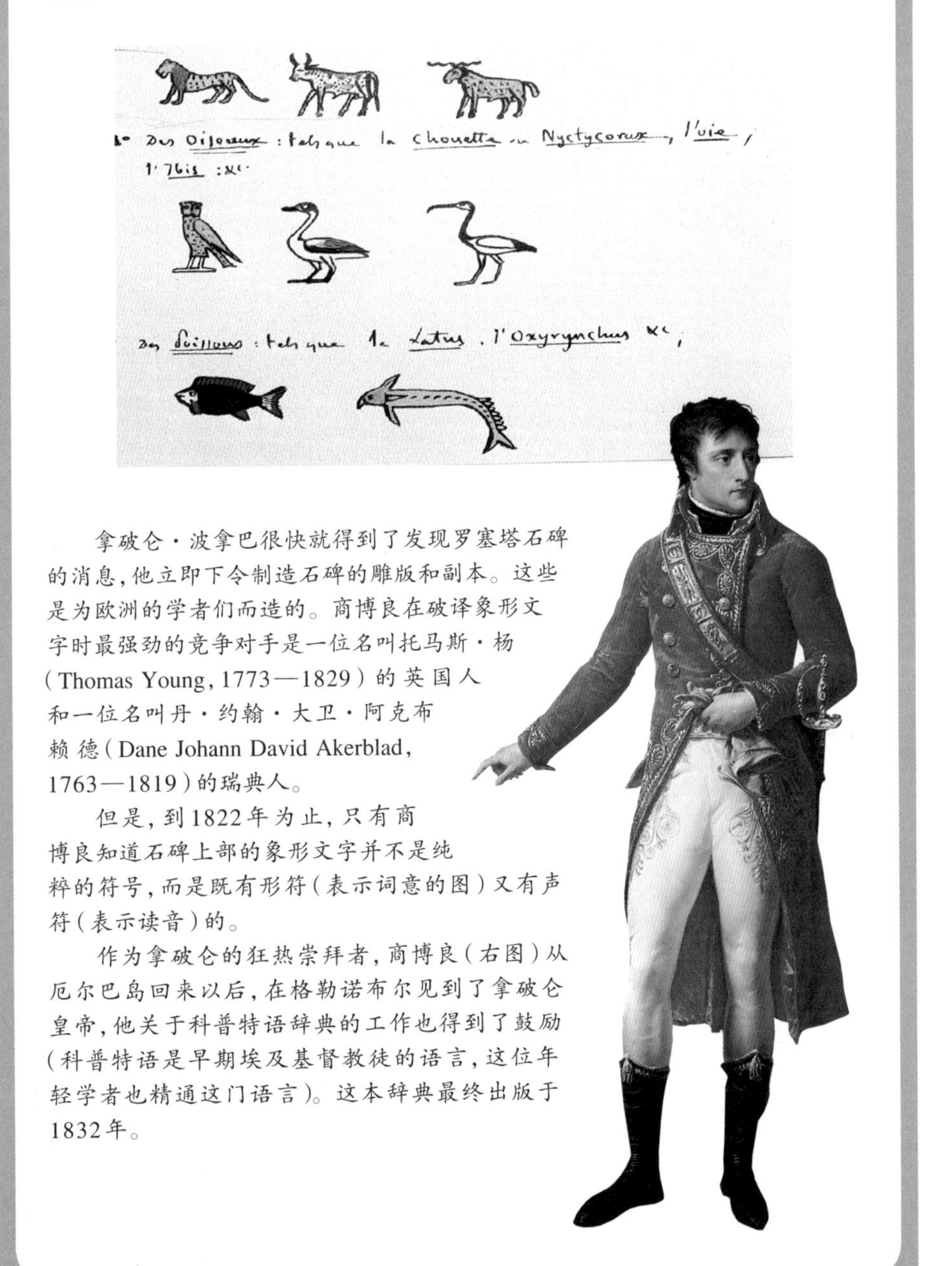

拿破仑·波拿巴很快就得到了发现罗塞塔石碑的消息，他立即下令制造石碑的雕版和副本。这些是为欧洲的学者们而造的。商博良在破译象形文字时最强劲的竞争对手是一位名叫托马斯·杨（Thomas Young，1773—1829）的英国人和一位名叫丹·约翰·大卫·阿克布赖德（Dane Johann David Akerblad，1763—1819）的瑞典人。

但是，到1822年为止，只有商博良知道石碑上部的象形文字并不是纯粹的符号，而是既有形符（表示词意的图）又有声符（表示读音）的。

作为拿破仑的狂热崇拜者，商博良（右图）从厄尔巴岛回来以后，在格勒诺布尔见到了拿破仑皇帝，他关于科普特语辞典的工作也得到了鼓励（科普特语是早期埃及基督教徒的语言，这位年轻学者也精通这门语言）。这本辞典最终出版于1832年。

阅读古埃及象形文字

纪念碑和莎草纸书上的象形文字连接了艺术和语言，它们有不同的排列方式。虽然有一些例外，但它们的阅读方式还是有一定的规则可循的。

古埃及的象形文字早在公元前3000年的早期法老时代文献里就能找到。它们是成行书写的，既可以从左往右读，也可以从右往左读；有些是成列书写的，从上往下读。要确认某一篇文献的阅读方向，我们就必须观察动物或人像。在同一篇文献里，它们总是指向一个方向，要么都指向左，要么都指向右。如果人像面朝右，象形文字就要从右往左读，反之亦然。

规律中的例外

但是，由于象形文字的艺术种类以及它们宗教和象征意义的不同，这些规则有时候也会被打破。像大多数人认识到的一样，当复制文献（比如宗教的文献或官方的章程）时，人们认为合适的布局比遵守严格的规则更为重要。

◀ **成行书写**

象形文字也可以横向来书写，例如这座位于达休尔（Dahshur）的阿蒙涅姆赫特三世（Amenemhat III，公元前1855—公元前1808年在位）的小金字塔。这个例外是按两个不同的方向书写的，说明了象形文字书写的多样性

鹅方向朝右，说明文献的这一部分要从右往左读

太阳把碑文分成书写方向相反的两部分

蜜蜂方向朝左，说明文献的这一部分要从左往右读

两行象形文字位于阿蒙涅姆赫特的小金字塔底部作为装饰

◀ **成列书写**

在寺庙或坟墓的墙壁上，象形文字一般都是成列雕刻的。左图的例子是托勒密时代的，它应该从右往左读

相关链接 其他古代手稿的书写方向

当埃及被希腊和罗马人征服的时候，埃及人采纳了他们语言的书写方式，这两种语言的书写方向都是从左到右的（右下图：一本拉丁文的原稿）。基督教时代（公元395—641）的语言——科普特语，将希腊字母和6个源自俗体（一种埃及手稿的草体）的符号更进一步联结起来，也是从左写到右。7世纪阿拉伯人征服埃及之后，阿拉伯语变成官方语言，并一直持续到现在。阿拉伯文（中下图:《可兰经》选段）是从右往左写的。很多古代书写系统（比如中文和日文）也是按这个方向写的。左下图是中文，也是从右往左读。

梁昭明太子撰
唐五臣注
崇賢館直學士李善注
賦
京都上
班孟堅兩都賦二首
兩都賦序
班孟堅

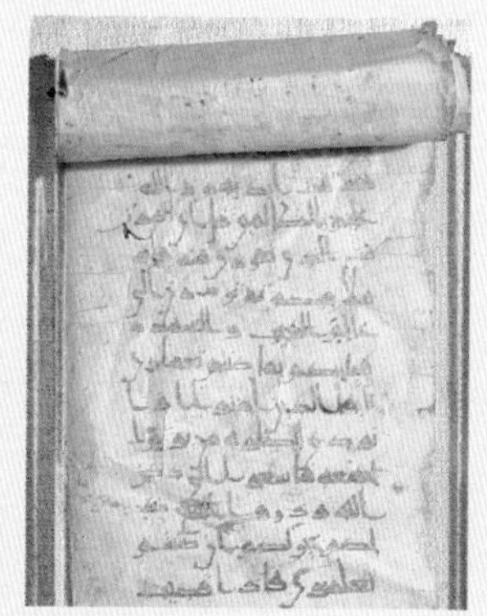

▲ **改变方向**

这些是象形文字读向和人像的朝向不同的例子。有时人们可以在标准的碑文上发现这种情况，例如供品的标志上。在上图的例子中，象形文字要从右往左读

▼ **横向**

在这块浮雕上，象形文字是横向书写的。所有的头像都朝右，所以这6行都要从右往左读

源于生活的古埃及象形文字

为了创造书写符号，古埃及人在自己生活的世界里寻找灵感。他们把动物、植物、自然力量、日常用品、建筑等加以变形，把它们变成象形文字。

公元前2000年左右，古埃及一共有大约700个象形文字，它们可以分成25类，另外还有一些无法辨识的符号。在创造书写系统时，古埃及人摒弃了抽象的符号，在自己生活的世界里寻找了很多元素来创造象形文字。

源于日常生活的元素

文字中最完善的部分就是那些关于人体部位的图像，而动物和鸟类则属于另一个非常重要的类别。其他的部分包括农夫和工匠使用的工具、猎人和士兵使用的武器以及王冠、珠宝和象征王权的节杖。

日常生活中的物品是另外一类，比如家具、桌子或食物，还有天空和太阳。建筑常常出现在计划书、立体图（建筑的侧面、正面或背面的比例图）中。在金字塔式的坟墓或方尖石碑（顶点交汇的四面体高塔或碑石，常为尖顶和由整块石料雕刻的碑体组成）上我们可以见到，当一个新的仪式被创造出来，人们就会发明一个相应的象形文字来表示它。

象形文字遵循埃及的设计传统，这就是为什么那些书吏（比如画匠和雕刻家）从正面、侧面和3/4面等各个视角绘图的原因，他们是为了展示要描述的事物的所有特点，比如猫头鹰的头部和尾巴要从正面画，而不是从侧面画。无论是大还是小，象形文字都是相当精确的。大量的动物符号反映了古埃及人对自然界有着仔细的研究，尽管很多细节被画家简化了，现在也消失了，但还是能看出相同种类之间的细微差别。

相关链接 圣甲虫

“重生”的符号是圣甲虫，它的样子是一个蜣螂。这一象形文字用来表示“Kheper”这个词，意思是“成为或改造人们自己”。蜣螂（圣甲虫）滚着一个球，这是它的食物，也是它产卵的地方，球的形状暗示着太阳。当和太阳发生联系的时候，“Kheper”这个词指的是太阳神“拉”的变形。太阳在晚上消失，就像老年人死去，而它早上从地平线上升起，就像是圣甲虫。

▲ 蜣螂用后腿推一个粪球

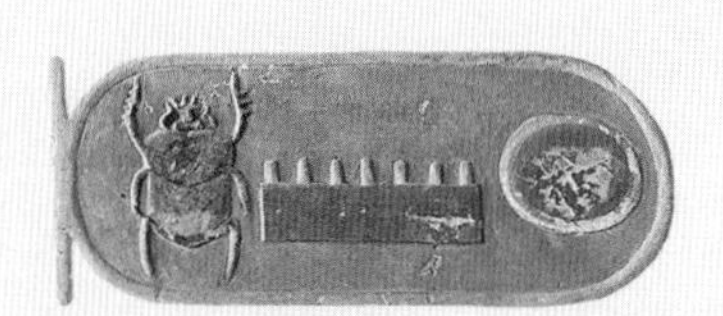

▲ 被称作图特摩斯三世（Thutmose III）的法老名叫曼科皮拉（Menkheperra），意思是“长寿是太阳神‘拉’显灵”。

神奇的特性

像所有的图一样，象形文字的图案被赋予神奇的魔力。古埃及人相信词汇有创造性的力量，赋予一个物体以名字，或者给这个物体以切实的生命。

寺庙是神圣的地方，因此阅读那些被仔细雕刻在庙宇墙壁上的词语就变得非常重要，尤其是当这个词是某个有害的神的名字时，比如塞特（Seth）——杀害欧西里斯（Osiris）的凶手；又比如说是带着蛇形头盔的阿波菲斯（Apophis，古埃及神话中的夜神，专司破坏与灾难），他来自遥远的世界边缘，每天都对太阳造成威胁。为了避免这些邪恶的神进入凡间，人们会在那些用来表示他们的符号上刻上短剑或匕首。

到现在为止，并非所有的象形文字都被破译，仍然有一些符号其代表的意思我们不了解。

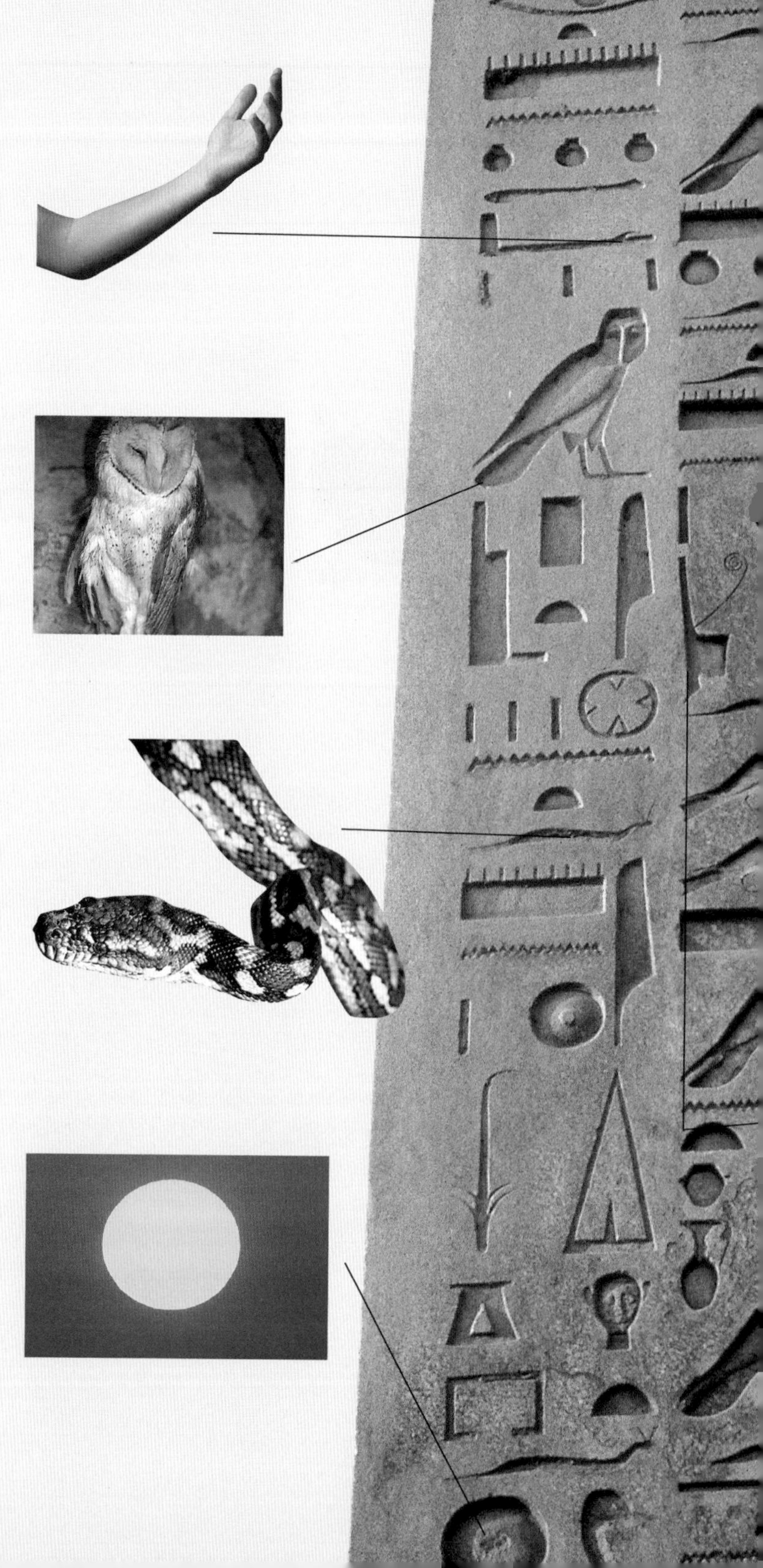

▶ **前臂**

这是表音符号“ain”，传统发音是“a”

▶ **猫头鹰**

这是表音符号“m”

▶ **沙奎（有角的毒蛇）**

这种危险的动物表示的是“f”这个音

▶ **太阳**

太阳是一个中间有一个点的圆圈，发“ra”的音

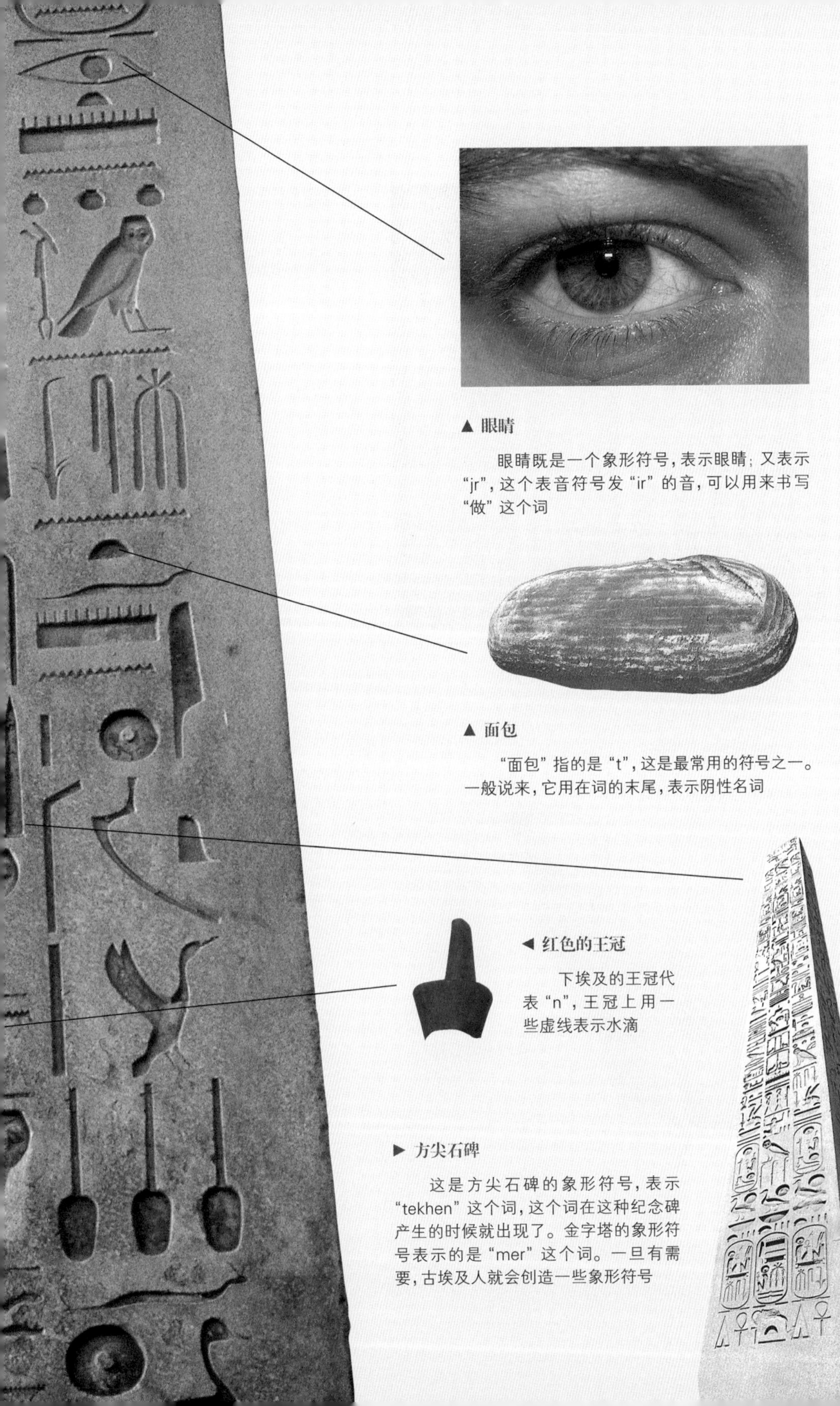

▲ 眼睛

眼睛既是一个象形符号，表示眼睛；又表示"jr"，这个表音符号发"ir"的音，可以用来书写"做"这个词

▲ 面包

"面包"指的是"t"，这是最常用的符号之一。一般说来，它用在词的末尾，表示阴性名词

◀ 红色的王冠

下埃及的王冠代表"n"，王冠上用一些虚线表示水滴

▶ 方尖石碑

这是方尖石碑的象形符号，表示"tekhen"这个词，这个词在这种纪念碑产生的时候就出现了。金字塔的象形符号表示的是"mer"这个词。一旦有需要，古埃及人就会创造一些象形符号

雕刻的文字

象形文字作为一种雕刻出来的符号，曾经用于“装饰”某些石棺。除了装饰作用以外，由象形文字组成的碑铭对古埃及人而言还有一种神奇的力量。

“Hem”是一个复辅音的标音符号，它和一件每天都要做的事——洗衣服联系在一起

像带把儿的瓷罐一样的象形文字作为标音符号的时候，发的是“khenem”的音

表示柳条篮的符号和某个法老的名字是联系在一起的。这是复辅音“nb”的标音符号

人体的一部分，嘴，表示的是辅音“r”

▲ 雕刻出来的文字

象形文字布满寺庙的墙壁，讲述着法老和众神的丰功伟绩。虽然这些符号都源于生活，但它们的含义对很多古埃及人来说都不易理解

◀ 雕刻家的考验

为了让象形文字达到更精细的程度，雕刻家们需要通过很多考验，比如只是在细节上有很多变化，例如雕刻各种各样的鸟类

在所有刻出来的鸟类中，鹌鹑表示的是“waw”的音，或者代表字母“u”

某些音可能由不同的象形符号来表示。比如“m”可以用猫头鹰来表示，也可以用瞪羚羊的肋骨来表示

一块折起来的布是字母“s”符号发明的灵感，尽管我们并不知道这个词到底是从哪里来的

自然界用一束芦苇来表示，它发的是“is”的音

各式各样的蛇被刻画得非常细致，例如这条沙奎（有角的毒蛇）

▲ 动物的实体

古埃及人在发明象形文字的时候，动物物种的多样性为他们提供了非常丰富的灵感

▲ 符号的分组

一些象形文字可以表示一个词，但通常情况下是各种各样的符号组合起来共同表示一个头衔或正式的名字。这个例子是太阳“ra”和鹅“sa”，它们共同组成一个神圣的头衔“sa-Ra”表示“太阳神的儿子”

▲ 幸存下来的碑铭

碑铭中使用的象形文字一直沿用到公元535年，东罗马查士丁尼(Justinian)皇帝命令关掉位于菲莱(Philae)的伊西斯神庙。但是，当时这些碑铭中雕刻的象形文字已经停用了一段时间了

知识窗

十字架的今昔

很多象形文字已经用在了诸如珠宝和护身符一类的古代遗物中。T形十字章（ankh）是生命的象征，而且它的这种用法十分广泛。然而，十字架并不只是对古埃及人重要，它很早就被埃及的科普特人采用，作为他们特有的一种十字架的形式，并被称作“结头手柄”（Crux Ansata）。今天仍然有很多人脖子上戴着这个作为护身符，而且在现代的埃及，很多纪念碑的看守都持有一把形如下图的带柄的钥匙，这些钥匙的形状就是T形十字章。

寺庙的浮雕经常绘有T形十字章。下图中的浮雕来自德尔巴赫里哈塞普苏（Hatshepsut）陵庙，画的就是篮子的象形文字上的节杖、节德柱（djed pillar）和T形十字章。

古埃及字母

古埃及的象形文字是一种图片式的文字，数量繁多，其中有24个符号代表我们通常认为是字母的那些东西；其他代表完整的词或复辅音。

目前已知最早的象形文字，是古埃及人的书写形式，大约可以追溯到公元前3200年，而最后的铭文则出现在公元394年。在这期间大部分的时间，古埃及人主要依赖的就是大约1000个符号，尽管到了托勒密时代（公元前332—前30）和罗马时代（公元前30—公元395），符号的数量增加了6倍。

把古埃及语从口头语转化成书面语的第一步是要采用格式化的文字图片来表现事物或想法，就像速记时用的缩略符号一样。例如"嘴"这个词，用两片分开的嘴唇来表示，而一条波浪线表示的是"水"这个词。

画出来的声音

虽然对于普通的名词和部分动词来说，这种用图画来表示声音的办法很不错，但是要表达诸如"运气""健康""生活"之类抽象的概念，或者"想"或"做"一类的动作时，这种办法却会碰到很大的麻烦。解决的办法就是采用一些固定的标记而不是用物体符号来表示声音，这样这些"难"词就能从语音上被拼写出来。这些古埃及的"表音符号"（或音标）组成了一个字母表，其符号比现代埃及的字母多很多。

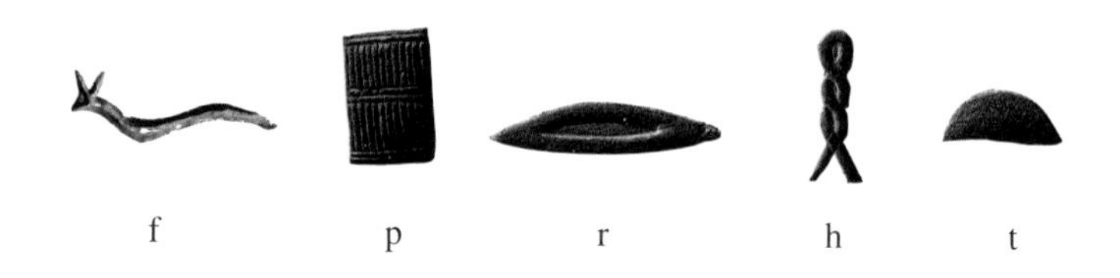

古埃及的语言被记录下来的时候是完全不标元音的，这一点和希伯来文以及阿拉伯文很像，这两种语言的文字都是采用纯辅音标写的。尽管我们可以猜想它们实际的发音是不一样的，但一个符号还是可以满足所有辅音序列相同的词，哪怕它们的意思千差万别。

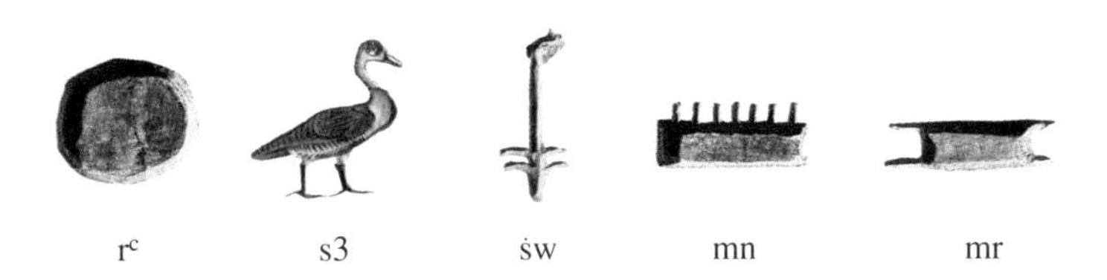

尽管我们不确定古埃及语的实际发音到底是怎么样的，但我们可以通过研究科普特语来推测出它的大概发音，因为科普特语是从古埃及语发展出来的。科普特语是用希腊字母和一些俗体字母（用于公元前600年左右的日常字体）写的，它里面有元音，这是我们所知的和那些消失已久的古埃及语言关系最紧密的一种语言。

| 新的意思 |

音标是从已经存在的标音符号中推测出来的，被选中的标音符号失去了它们特有的象形意义，但是获得了一种新的表音的价值。象形字母表中共有24个符号表示单辅音，每个符号都来自表示一个词的标音符号，这个符号在古埃及语中就包含有这个辅音。比如说，表示“嘴”的符号，代表“r”这个音，而表示“水”的符号代表“n”这个音。古埃及的字母表还包括大约100个表音符号来表示复辅音，例如“pr”和“mn”之类，还有50多个来表示三辅音的序列，比如“nfr”或“blt”之类。为了让这些多辅音能够念响，埃及古物学家在每个辅音中间加入一个元音“e”，“nfr”就发成“nefer”，这些辅音中有些在英语中是不存在的，也不能直接翻译成罗马字母。我们用一些附加的点或笔画来表示它们，这就是我们所知的区别符。

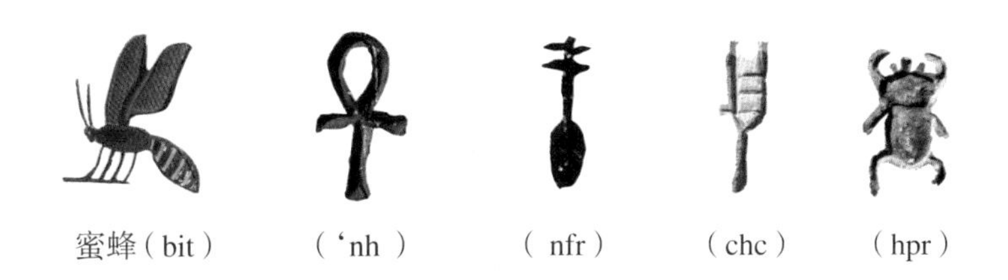

▶ **对不朽的诠释**

寺庙墙壁、坟墓和其他纪念碑上的象形文字碑铭既是一种装饰，也用来表示神圣，它们就是为了表示“永恒”。例如，《死亡之书》中的部分文本经常被刻在石棺上。这幅插图画的是节德·托特·埃夫·安克（Djed-Thoth-ef-Ankh）法老石棺的残片，它和一些象形文字解释的选段一起保存在意大利都灵的埃及博物馆。在这里文本从上到下纵向书写，而其他地方的象形文字都是沿水平方向书写，通常是从右写到左，但这并不绝对

这个语音符号表示的是辅音m

这个符号是个限制符，表示“向前”

这个符号表示辅音n

这个语音符号表示一个复辅音，写作$\underline{d}3$

这个表示“男人”的符号在这里当限定符用

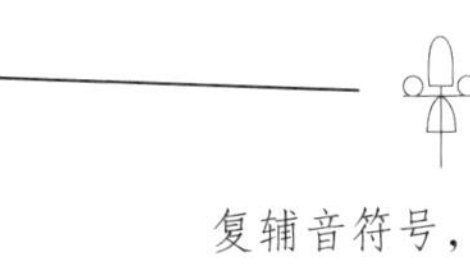

复辅音符号，写作 i3bt

形如鸵鸟羽毛的表示s这个音，用在这里表示空气和阳光神——“休”

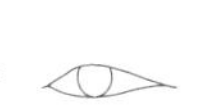

一个复辅音符号，写作ir

另一个复辅音符号，写作hr

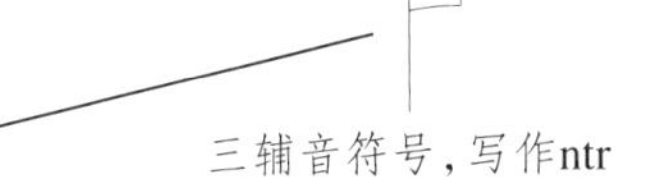

三辅音符号，写作ntr

复辅音符号，写作k3

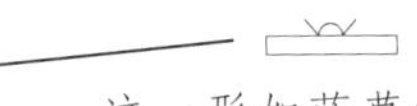

这一形如莎草纸书卷的标音符号被当作限制符，用来表示抽象概念和状态

这一兔子形的复辅音符号写作wn

字母表

符号	写作	读作	图画意思
	3	a	秃鹫
	ỉ	i or y	芦苇
	c	a	前臂
	w	w or u	鹌鹑
	b	b	脚
	p	p	凳子
	f	f	有角的毒蛇
	m	m	猫头鹰
	n	n	水
	r	r	嘴
	h	h	院子
	ḥ	h	绳子
	ḫ	kh	胎盘
	ẖ	kh	动物的腹部和尾部
	s	s	门闩
	ś	s	叠起来的布
	š	sh	池塘
	ḳ	k	山坡
	k	k	篮子
	g	g	船上的架子
	t	t	面包
	ṯ	tj	拴动物的绳子
	d	d	手
	ḏ	dj	眼镜蛇

限定词

我们在象形文字中找到的第三类符号叫作“限定符”，这些限定符和音标一样，都是以标音符号为基础的，它们位于用音标书写的词的末端，用于区别那些看上去和别的词很像的词。比如表示人的词后面，会带上一个男人或女人的符号，而一个表示运动的词后面，会跟着一双奔跑中的腿的图案。由于每一组辅音都可能表示好几个不同的词，所以要知道一些符号到底表示什么意思不但要看上下文，还要看限定符对它的解释。

孩子　吃/想　神（古埃及帝王头饰上的）蛇形标记/女神　城镇

限定符还可以用其他的方式来帮助人们理解文字。由于它们总是出现在词的末尾（因为象形文字是从右写到左，所以它们出现在左边），可以帮助我们分词，因为古埃及文字完全没有词间空格和任何形式的标点符号。

由于象形文字主要用于刻写宗教文本，尤其是墓碑，所以书吏们采用一种僧侣体来抄写其他日常的文件。接下来介绍的这种书体就是以僧侣体为基础，从大约公元前2700年起开始用于商业和行政事务。

神圣与永恒

一个如此复杂、难用的文字系统竟然存在了那么长的时间，这是非常引人注目的。这可能是因为书吏这样一个有特权的、精英的职位需要多年的学习才能胜任，也可能是因为象形文字被看成是神赐予的礼物，如果想要改变或抛弃它们，就会被看成是对神的亵渎。

僧侣体

这种书体用来记录商业事务，它们写起来比那些麻烦的象形文字快得多。

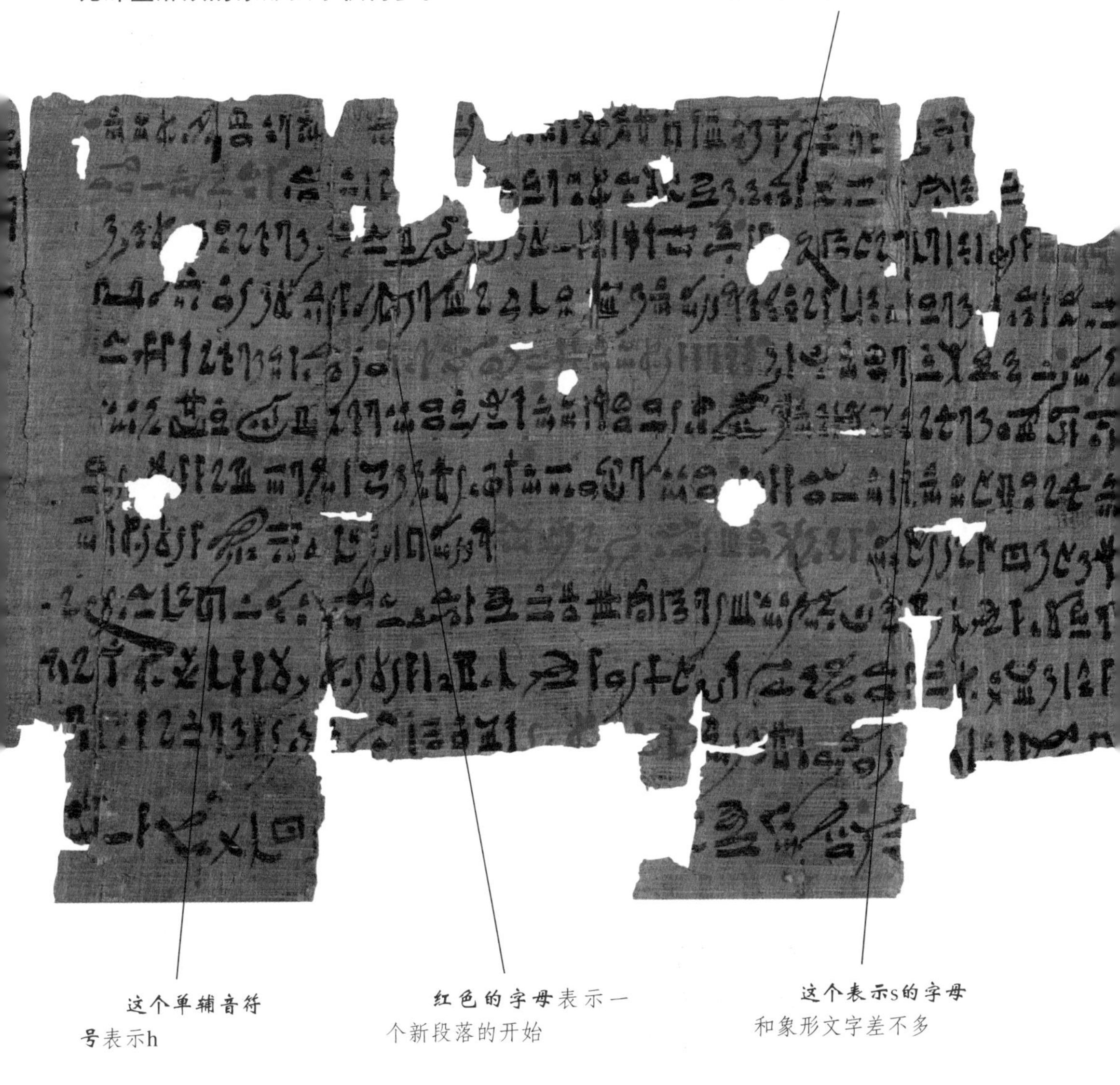

▲ 日常书体

象形文字的简化形式就是我们所说的僧侣体，这是为了方便日常运用。莎草纸书的大部分文本都是用僧侣体写的。直到中古时期（公元前2055—前1650），人们还是纵向书写。这个时期之后，开始像上图这样从右到左横向书写

▶ **文字和神**

古埃及人相信象形文字系统是托特(智慧之神)和塞斯哈特(Seshat)女神所赐。很多语音字母除了它们的字面义之外还具有神奇的象征含义,例如,这些字母可以当作护身符。这一双重含义被保留在"象形文字"(hieroglyph)一词中,这个词来自希腊语,原意是"神圣的雕刻"

相关链接 **古埃及法老或神职人员名字周围的椭圆环**

虽然古埃及文字通常都没有标点符号,但是有一种惯例对翻译者,比如夏巴斯(1817—1882)(下图)帮助很大。这是第四王朝(公元前2613—前2494)之前的一种习惯,要把法老出生时的名字和王位的名字刻在一个椭圆形的环里。当19世纪初期拿破仑的远征军进入埃及的时候,他的士兵给这个图案起了个绰号叫作"弹药箱"或"弹药筒",因为这个环的形状跟它们很像。

明白了王室人员的名字是写在椭圆环里以后(如下图就是图坦卡蒙的名字),破译象形文字和阅读速度就会大大加快。

僧侣体文字

有好几种文字都是从古埃及的象形文字（圣书体）中发展出来的，其中最重要的一种被希腊人称为“僧侣体”，近两千年来，埃及人在日常书写中一直采用这种书体。

象形文字（圣书体）是最有名也是历史最悠久的古埃及的书体，这种书体非常适合刻在纪念碑上，却不适合日常使用。从象形文字中发展出来的僧侣体文字是一种草书，它的线条更加圆润，这样写起来更快、更流畅。

简化的符号

僧侣体文字大约出现在古王朝时期，它是由圣书体简化而来的。尽管最初的圣书体还能被识别，但是僧侣体文字的形状没那么准确，没那么复杂，而且还可以连起来写，不像象形文字那样字和字之间总有一个空格。僧侣体文字和圣书体文字之间的关系有点像手写体和印刷的大写字母之间的关系。僧侣体文字作为埃及日常书写体的地位直到公元前7世纪时才被俗体取代。

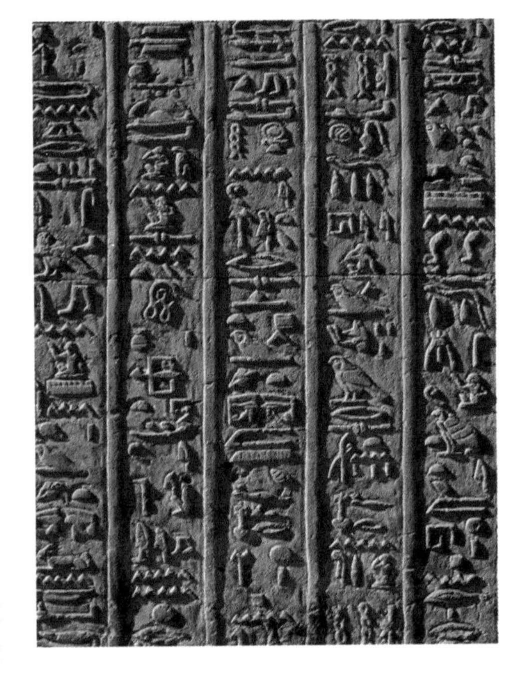

▲ **罕见的悠久历史**

象形文字的使用贯穿了整个法老时期的历史。在大部分时间里，使用中的符号数量相对较小，但在托勒密时期和罗马时期符号的数目增加了大约700个，总数约达到6 000个。直到公元4世纪罗马人关闭了埃及的寺庙以后，这一书写形式才失传

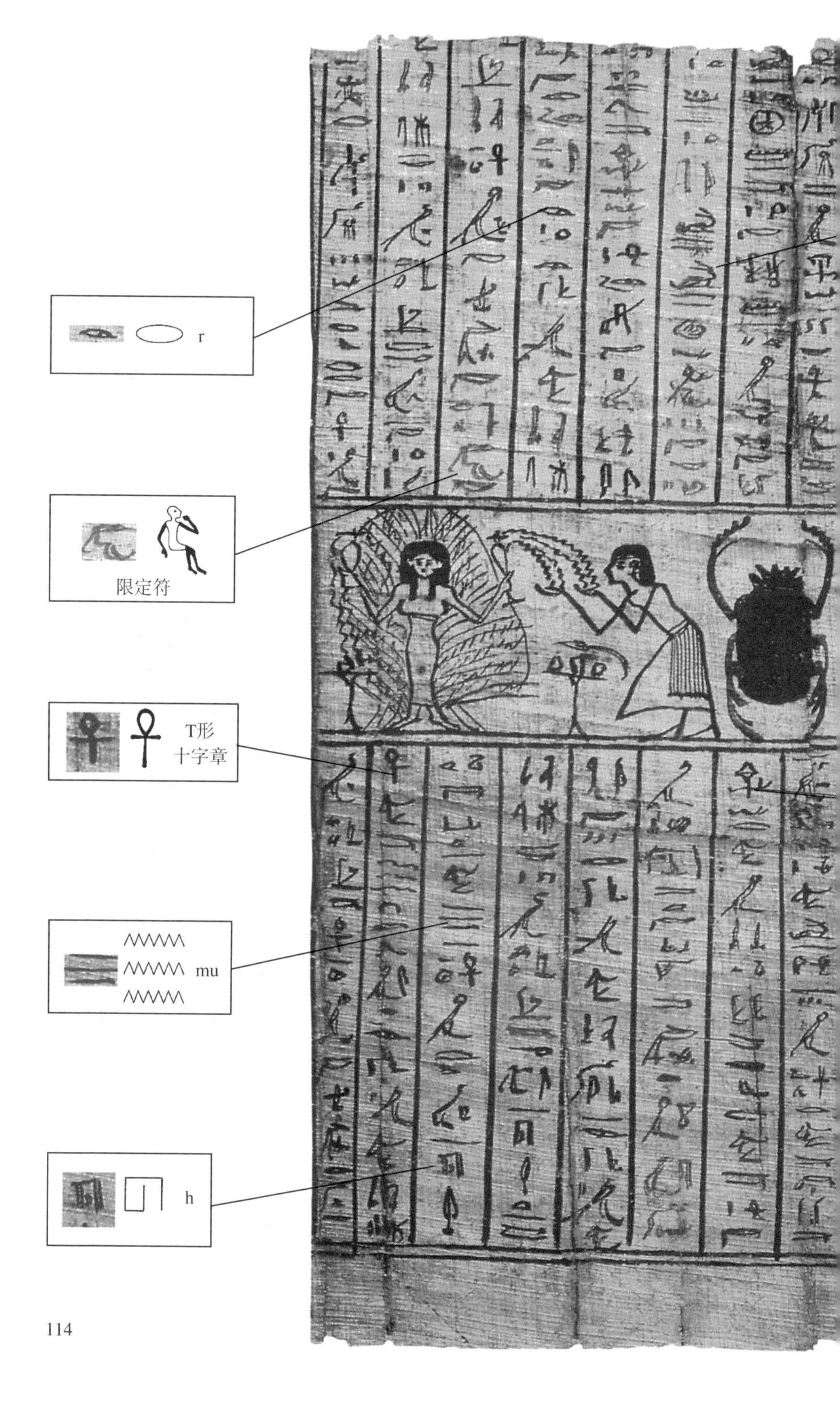
r
限定符
T形
十字章
mu
h

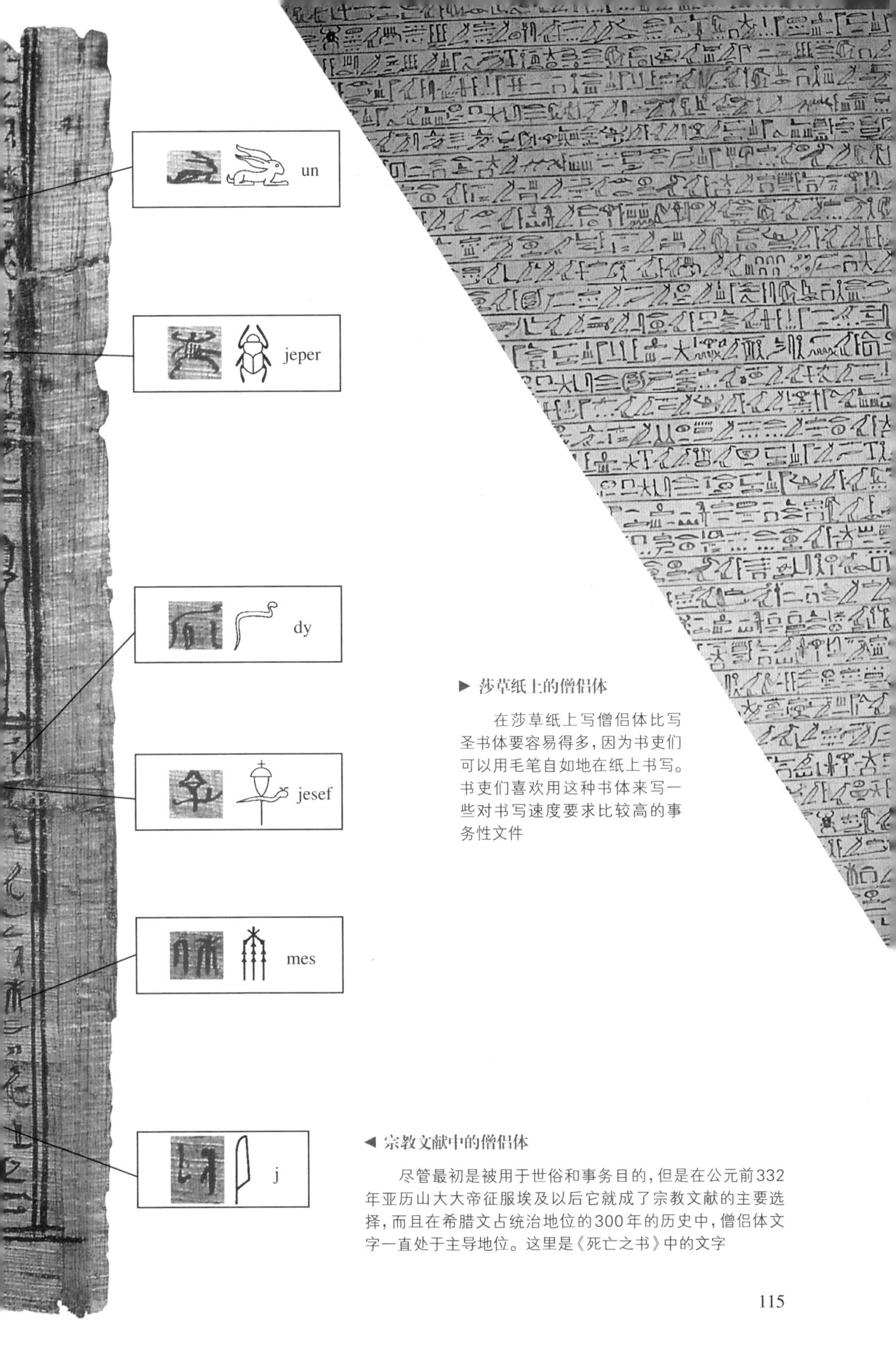

▶ 莎草纸上的僧侣体

在莎草纸上写僧侣体比写圣书体要容易得多，因为书吏们可以用毛笔自如地在纸上书写。书吏们喜欢用这种书体来写一些对书写速度要求比较高的事务性文件

◀ 宗教文献中的僧侣体

尽管最初是被用于世俗和事务目的，但是在公元前332年亚历山大大帝征服埃及以后它就成了宗教文献的主要选择，而且在希腊文占统治地位的300年的历史中，僧侣体文字一直处于主导地位。这里是《死亡之书》中的文字

◀ **记笔记**

在记笔记或教学时，人们常用陶罐的碎片或石灰石来代替那些昂贵的莎草纸。在陶片上书写的时候，人们通常使用的也是僧侣体文字

▲ **一封给死者的信**

这只碗是第一过渡时期（公元前2181—前2055）的，碗上面是一位母亲用僧侣体文字写给她死去的儿子的信，这封信要求她死去的儿子保佑这个家庭不受敌人的侵害。这只碗埋在他儿子的墓穴里，现在这只稀有的碗保存在巴黎的卢浮宫里

僧侣体文字从一开始就完全是表音文字，每一个符号表示的都是一个声音，而不是一个词或一个想法。这种书体总是从右到左书写的。在第十一王朝（公元前2055—前1991）之前，这些符号一般是纵向排列，之后才改为横向书写。

书吏们的字体一般都带有个人风格，但是在中古时期（公元前2055—前1650），产生了两种风格迥异的僧侣体。在文学作品中，这些符号写得很精确，看上去很有吸引力；而用于事务性文件和经济文件中的“异常僧侣体文字”则使用一种更流畅、更具示意性的符号来提高书写速度。在新王朝时期（公元前1550—前1069），这些符号的线条变得越来越圆润，越来越简化，也越来越优美。

俗体文字的开始

一种被希腊人称为“俗体文字”，被埃及人称为“sekh shat文字”（文献中有记载）的更简单、更潦草的书体是从“异常僧侣体文字”发展出来的。在第二十六王朝时期（公元前664—前525），它取代了僧侣体文字的地位，而宗教

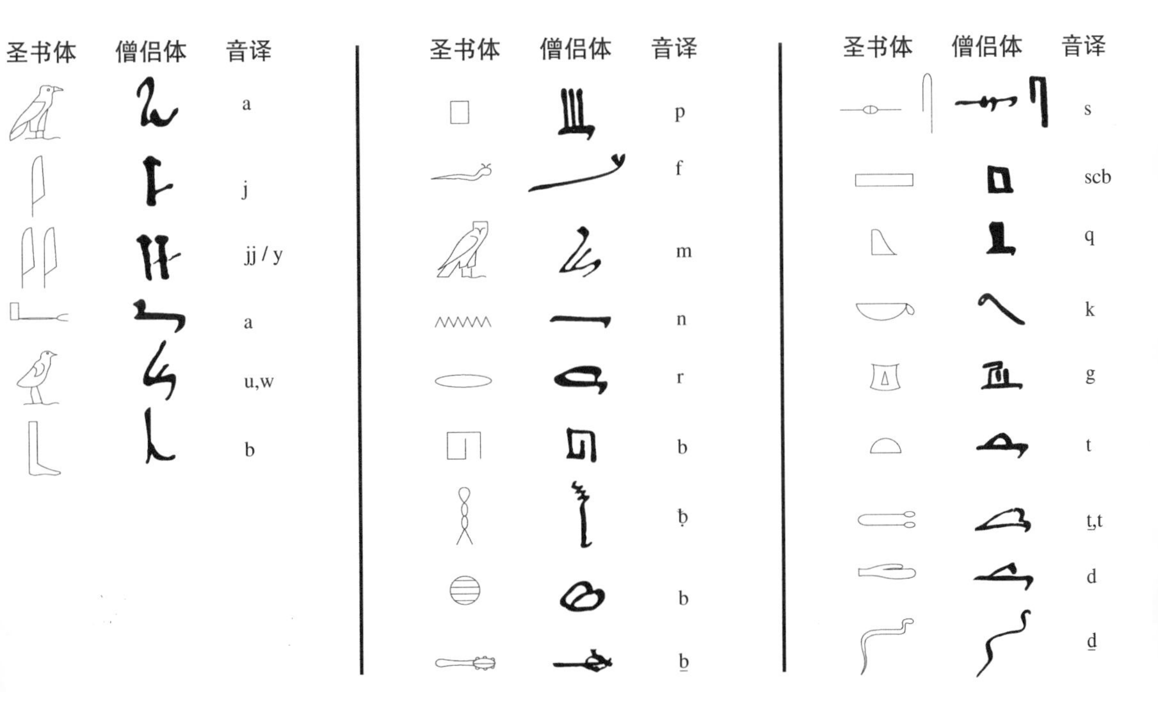

文件和葬礼文件还是使用“文学”风格的字体。用于这一目的的僧侣体文字一直沿用到托勒密王朝时期（公元前332—公元前30），而希腊人没有意识到它主要的历史作用是用于世俗文件，所以反而给它取名为“僧侣体文字”，并以此区别于俗体文字。

僧侣体文献中的横排，一般是从右到左、从上到下排列的，这是中古时期前常见的形式

► **宗教文献**

像这种宗教文献中的文字一般比政府档案中的文字书写得更小心、更仔细。在古希腊—罗马时期（公元前332—公元395），俗体文字是日常使用的书体，而僧侣体文字只用于宗教文献中

▼ **书吏学校**

书吏学校的年轻学徒们学习如何写僧侣体，而不学怎样写圣书体。只有那些要做祭司或宗教文献书吏的人才学习圣书体

◀ 官方书体

僧侣体文字作为埃及文书和信件的官方书体地位一直持续了近两千年，直到被俗体文字逐渐替代。像这样写在陶片上的僧侣体文字是我们了解古代埃及日常生活最好的信息来源

▼ 在莎草纸上书写

书吏们用墨水在莎草纸上写字时，发现僧侣体文字可以让他们不用抬笔就写出某些笔画，这种圆滑的线条非常适合莎草纸这种载体

红色的标点符号在这块陶片上清晰可见

用僧侣体文字书写的文件**标题**用红墨水，文本用黑墨水

相关链接 俗体的发明

这种潦草的俗体是大约公元前650年的时候从僧侣体文字中发展出来的。这是一种比僧侣体更简单、更好读的书体，因此它很快就传遍了埃及，不但在事务性文件中使用，而且还用于文学作品、科学论文、法律文献和商业合同。下图就是普萨美提克一世（公元前664—前610年在位）统治时期的一个例子。

俗体文字并不仅仅是一种书写的新方法，它还标志着埃及语言发展历史长河中的一个新时期。这是一种新方言，有着自己的语法特点。4世纪时，埃及人放弃了他们以象形文字为基础的书写系统，6个俗体符号被加入大写的希腊字母表，这就形成了科普特字母表。

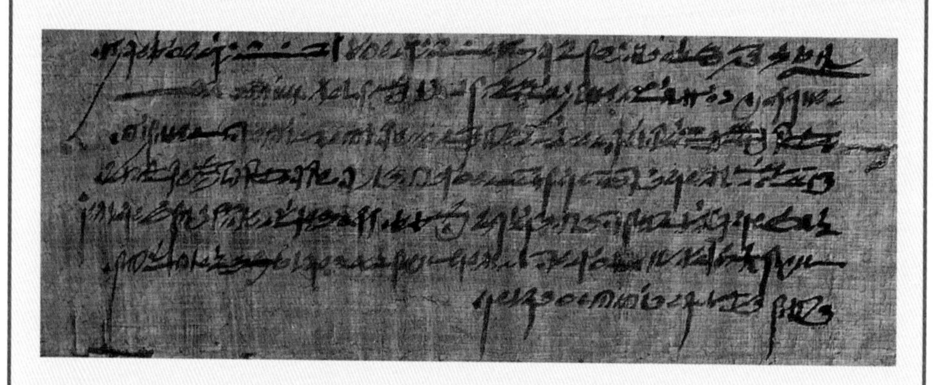

科普特语，基督教的文字

科普特语在罗马时代末期（公元395）到阿拉伯人统治时期（公元641）间被应用，并且至今仍在基督徒的宗教服务活动中沿用。

在漫长的4 000年的历史中，埃及的语言经历了巨大的变化。在法老时代的大部分岁月里，人们使用的是象形文字，而且把僧侣体作为草书的字体形式。在第二十六王朝时期（公元前664—前525），俗体文字取代了僧侣体文字而应用于商业文件和事务文书中。到了托勒密时代（公元前332—前30），这种民间字体便出现在像罗塞塔这样的石柱上面了。最后，经过埃及基督教时代，科普特语才得以发展。

▶ **异教的末日**

基督教的诞生意味着古埃及万神殿的结束。公元535年，拜占庭皇帝查士丁尼一世出兵位于菲莱岛的伊西斯神殿，将这一旧宗教的最后避难所改建成一座基督教教堂

一种希腊—埃及书体

在埃及，基督教以一种僧侣团体的形式兴起，而且这类团体通常出没于沙漠地带，这一特点大大提高了文字沟通的必要，例如翻译《圣经》和经商。由于象形文字是非教徒的象征，所以它们不能用于僧侣之间的沟通，基于同样的原则，象形文字已被用来代表古代的神灵。因此，新教会采用希腊字母，加进6个起源于俗体的字母，以延续固有的埃及语音的标音，从而创造出科普特语的文字。

▶ **保留下来的古代信仰**

在科普特时代初期（公元395—641），在狄奥多西大帝（公元379—395年在位）关闭大部分古代寺庙之前，新的基督教信仰还保留在古老的尼罗河流域。这块石碑展示的是阿努比斯神和欧西里斯神庆祝死者来到阴间的情景，但是用基督教语言——科普特语写的

▼ **科普特方言**

科普特语不是单一一体化的语言，而是由至少6种方言构成。最常见的一种是源于上埃及的撒哈迪语

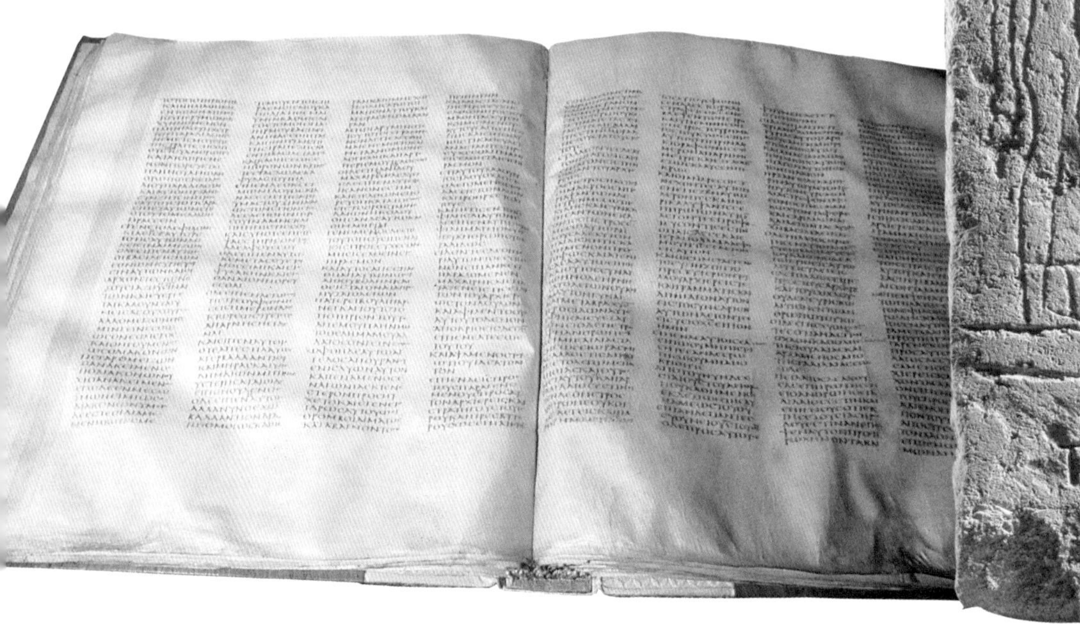

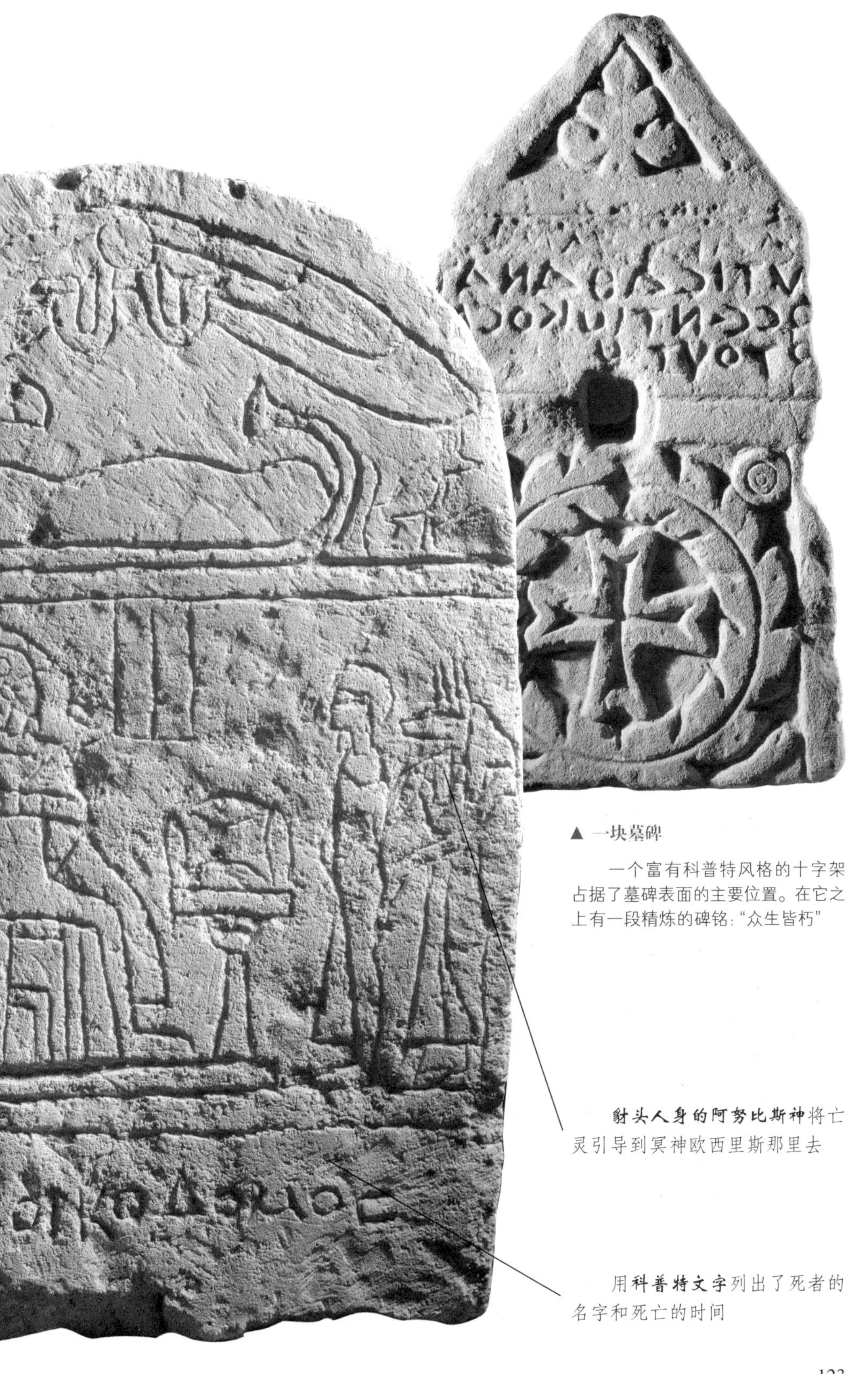

▲ 一块墓碑

一个富有科普特风格的十字架占据了墓碑表面的主要位置。在它之上有一段精炼的碑铭:“众生皆朽”

豺头人身的阿努比斯神将亡灵引导到冥神欧西里斯那里去

用**科普特文字**列出了死者的名字和死亡的时间

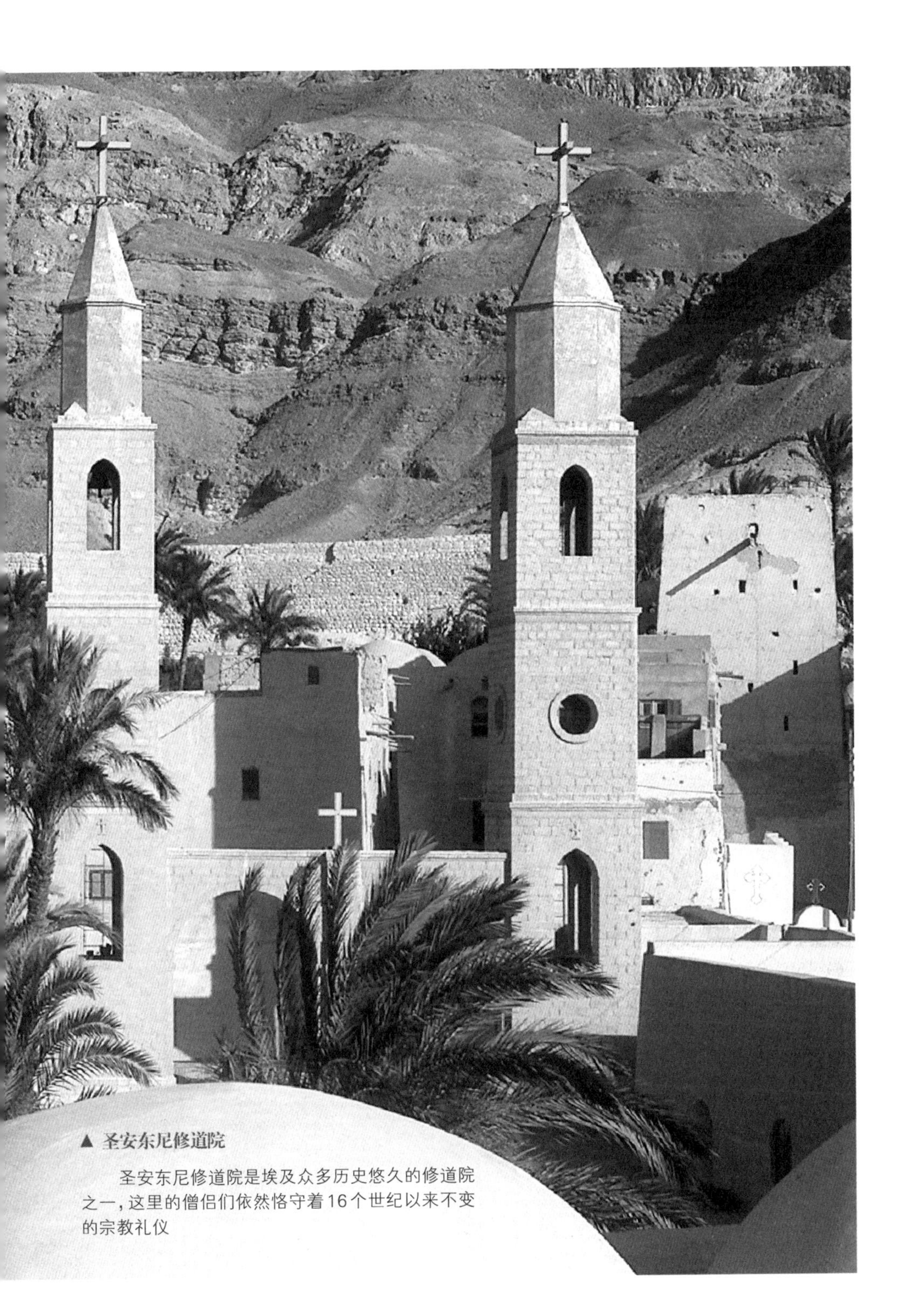

▲ **圣安东尼修道院**

圣安东尼修道院是埃及众多历史悠久的修道院之一，这里的僧侣们依然恪守着16个世纪以来不变的宗教礼仪

科普特字母表

字母	名称	音值	字母	名称	音值	字母	名称	音值
ⲁ	alpha	**a**	ⲗ	lambda	**l**	ⲫ	phi	**ph**
ⲃ	beta	**b**	ⲙ	mu	**m**	ⲭ	chi	**ch**
ⲅ	gamma	**g**	ⲛ	nu	**n**	ⲯ	psi	**ps**
ⲇ	delta	**d**	ⲝ	xi	**ks,x**	ⲱ	omega	**o**
ⲉ	epsilon	**e**	ⲟ	omicron	**o**	ϣ	shaj	**sch**
ⲍ	zeta	**z**	ⲡ	pi	**p**	ϥ	faj	**f**
ⲏ	eta	**e**	ⲣ	rho	**r**	ϩ	hori	**h,ch**
ⲑ	theta	**th**	ⲥ	sammo	**s**	ϫ	dshandsha	**tsch**
ⲓ	iota	**i,j**	ⲧ	tau	**t**	ϭ	shima	**c,ki**
ⲕ	kappa	**k**	ⲩ	upsilon	**u,w,y**	ϯ	dij	**ti**

► **萨比克（Sabek）的墓碑**

这座雕刻得美轮美奂的埃及贵族的墓碑，是抽象式设计的典型，正好体现了科普特艺术的特点。在礼拜堂下面，孔雀图案和交织状花纹半围绕着一段碑铭，内容包括墓主的姓名、死亡日期和一段短短的祷文

◄ **墓主的信息**

科普特墓碑上的碑铭风格别样，十分精炼简洁。这座公元前8世纪的墓碑，在固定样式的图案上面雕刻了墓主的姓名

孔雀在基督教中代表永生，出现在石柱的上部

基督教**礼拜堂**造型占了石柱表面的大部分位置

一段精炼的诗文被刻在墓碑上，墓碑上还刻有墓主的姓名和死亡时间

一系列的方言共同构建成了科普特语，其中至少6种方言拥有书面语。最重要的方言是起源于上埃及的撒哈迪语；伯哈尔瑞克语方言区主要分布在三角洲地区；在法尤姆（Fayum）及其周边地区发现了法尤姆语。以上方言中，只有撒哈迪语最后演变为标准形式的语言。

科普特语在基督教宗教服务中的应用

早在7世纪，阿拉伯人统治下的埃及就宣告了科普特语的“死亡”。为了取悦统治者阿拉伯人，迎合新统治者的说话方式，埃及人将基督教文字丢弃一旁，不再使用。到了17世纪，即便是在上埃及最偏远落后的村落，人们也不再使用科普特语了。

然而，1936年，科普特研究专家沃纳·维西彻（Werner Vycichl）发现生活在卢克索（Luxor）一带的居民声称自己在家中使用科普特语。而在科普特宗教服务活动中，尽管大部分的科普特语已经被译成阿拉伯语，但是还保存着一些科普特语。此外，让·弗朗索瓦·商博良对科普特语的研究，无疑是破解罗塞塔石碑上面的象形文字、打开法老时代古老语言神秘大门的一把钥匙。

▶ 书写工具

科普特时代的文字书吏们使用的工具与法老时代基本一致，他们将用竹或芦苇秆削成的笔、墨水瓶放在皮质容器里。如右图所示，这个皮容器上面还画有圣安东尼的画像

◀ 僧侣

埃及早期的基督教是在辽阔的沙漠地区的一个个僧侣团体基础上建立的。早期基督徒逃出罗马独裁者的魔掌，躲过宗教迫害，确立起圣安东尼和圣保罗这些修道者的神圣地位。这些僧侣们不愿受到异教污染，拒绝接受已有的象形文字，认为它们具有异教色彩，因而他们发展了一种新的书写方法——科普特文字

书写材料

在古埃及，书吏要记录农业的收成、税收和官员的薪水，还要抄写或严肃或通俗的文章。人们可以通过他们使用的书写工具来辨别他们，这些工具会伴随他们一生。在他们死后，这些工具会出现在浮雕和绘画中。

无论走到哪里，书吏都要随身携带他使用的书写工具，因为这是他们的责任。无论在村庄还是谷仓，甚至是战场，战斗一结束，他们要马上清点敌军死亡的人数。为了方便携带，书吏的笔、调色板、颜料、莎草纸和其他书写材料平时都存放在一个柳条编制或者木质的盒子里，或者皮革容器里，盒子有时候用来做写字时的垫板。书吏的调色板是一块长形的木头（有时候是石头），大约30厘米长、6厘米宽。调色板中间有一个凹槽或细缝，用来放芦苇做的笔或者刷笔。调色板的一端有一对圆形的用来储存颜料的凹槽：一个放红颜料，红颜料由红色的赭石制成，用来写标题以及强调重点内容；另一个放黑颜料，黑颜料由木炭和灯灰制成，用来写文章的主要部分。

使用插图来装饰莎草纸书（比如在《死亡之书》中）的画家，因为绘画的时候要用到很多种颜色，所以他的调色板会有多个凹槽，分别用来存放蓝颜料、黄颜料、白颜料和绿颜料。在工作开始之前，书吏必须要先准备好他的五颜六色的墨水。颜料平时是以长方块或者圆形的“蛋糕”形状保存，用的时候先扳下一块，然后用石头压碎或者用研钵碾碎。书吏把一点粉末状颜料放到湿的刷笔上，在调色板上把颜料跟水混合，就可以得到想要的浓度和黏稠度适宜的墨水。

知识窗

书吏的装备

“Sesh”表示文书，也可以作表示书写的语素，它的图示（右下图）很明显是一个书吏的基本装备。这套装备包括一个小的初级调色板（调色板上有两个凹槽），一个水壶，一个容器，装着绘画和书写用的芦苇；这些物品通过一根绳子连在一起（左下图）。书吏受到智慧之神托特的保护，同时他们的守护神是文字及测量女神——塞斯哈特，从名字上可以看出塞斯哈特跟他们的关系是多么密切：塞斯哈特（Seshat）的名字的词根就是Sesh。

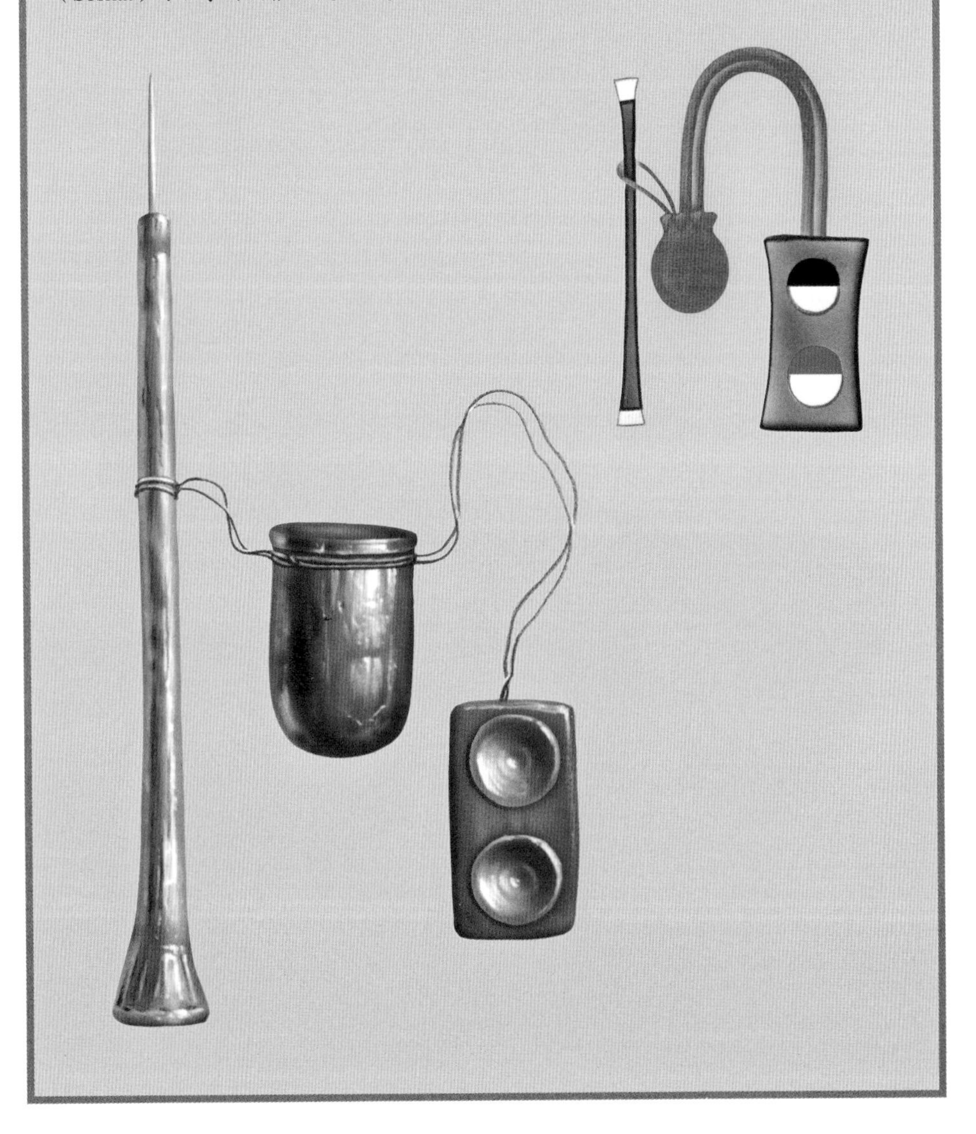

涂了一层白色均匀光滑的石膏的**木质书写板**有时候也被用来做莎草纸或者陶片的替代品（参看后面的“知识窗”），当作写作材料

书吏用一个**并蒂壶**装水，两个壶的水分别用来稀释墨水和弄湿刷笔。等笔湿了以后，两个壶中的一个还要用来稀释红色的墨水，另一个则用来稀释黑色墨水

◄ 书吏雕像

从古王朝时期开始，法老、王子以及高官权贵就开始造书吏的雕像。书吏的姿势一般为盘腿而坐，膝盖上平铺着一卷打开的莎草纸卷轴，有些在阅读（如图所示），有些在书写。造这些雕像的目的在于表明他们的身份是学者

从“蛋糕”上打下来的**天然颜料**，要先被碾碎，然后跟水混合在一起

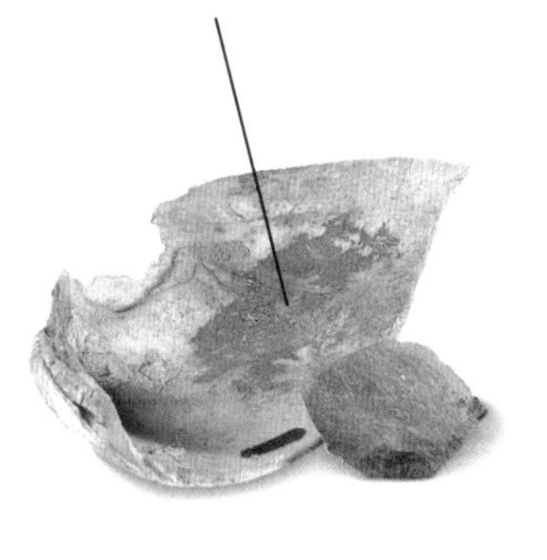

小颜料罐用来装碾碎的、正要被稀释的颜料

这块调色板有6个存放颜料的凹槽和一个存放书吏的芦苇笔的凹槽

一个平的研钵和研杆，其作用是把颜料碾碎

知识窗

签名和密封

古埃及有读写能力的人主要是书吏、公务员和各类高官权贵（都是男性，女性没有这个权利），他们之间的通信交流很多。简短的注释或者实用信件常写在黏土做的写字板或者陶片（光滑的陶器和大理石的碎片）上，但是更加重要一些的交流则是写在莎草纸上，然后卷起来或者封起来，写上寄件人的姓名和对方的住址，最后把这封信寄出去。

通常书吏们会在信封上放一小块新鲜的黏土，然后在上面盖上私章来保证这些信的私密性。这些私章作为他们权威的象征，一般也具有法律意义。表示书吏名字的象形文字被刻在私章上，这样就能在黏土上留下印迹。

印章有很多种形式。它们常常出现在圣甲虫的背上或戒指镶的宝石上。其他的则采用传统的三角形状，上面为手指留出一个洞（下图）。当时美索不达米亚盛行圆柱形的印章，可是在埃及却很少见。

王室印章通常用金银等昂贵的金属制成，但是最常用的材料则是上过釉的陶土，就像下图的这枚印章那样。

书吏们使用什么书写材料来写字，主要取决于其书写目的。对于那些不打算长期保存的文稿或者草稿，书吏们只需用一块陶片、一块石灰石，或者一片抛光瓷器的碎片。另外，在湿润的黏土块上也可以刻写这类文稿。孩子们学习写字，或者学徒们练习文书写作的时候，通常都是在木质书写板上敷一层石膏，然后进行书写。

使用莎草纸

一般来说，莎草纸会留到政府公文、宗教典籍、正式书信以及文学或学术著作的书写时使用。莎草纸造价不菲，远较今天的纸张珍贵，不需要的文本往往被擦去以便该页可以再利用。书吏通常用光滑的木器或石块摩擦纸张，使之更易书写。一张珍贵的莎草纸如果是用来写信或仅仅书写几行，书吏就用铜片把所需要的部分裁下来。

▲ 日常细节

德尔麦迪那（Deir el-Medina）村聚居着在帝王谷中修建坟墓的工匠们。这里的书吏们留下了数千片记载琐碎日常细节的陶片。这些细节包括工匠缺席的原因、每份配给品的数量以及对圣者提出的问题等。现在，这些文本对于现代人了解古埃及的生活和相关信息具有非常重要的价值

工作中的书吏

在古埃及，书吏几乎与经济生产的每一部分都有雇佣关系，包括农业、手工业、采矿业和采石业。他们也是寺庙生活的重要部分，负责抄写和起草宗教文献。而在军队中，他们负责编写应征者名册。下面的模型来自梅克特拉（Meketra）的坟墓，模型中的书吏正在记录农民饲养的牛的数量。梅克特拉生活在曼图霍特普三世（公元前2004—前1992年在位）时期。

一个监管者坐在柱廊下监管书吏

书吏的调色板被小心地放在书吏面前的盒子里，其中有装着红、黑墨水的储罐

莎草纸卷用来书写对牛进行数量统计这一重要事务

并非每个书吏都会持盘腿的坐姿。**这位书吏**抬起一膝，另一腿弯叠在下

► **保存莎草书**

写在莎草纸上的文书保存在盒子里或密封的罐子里以防蛀蚀。这个罐子成功地将埃及和希腊大部分地区的文献从公元前2世纪保存至今

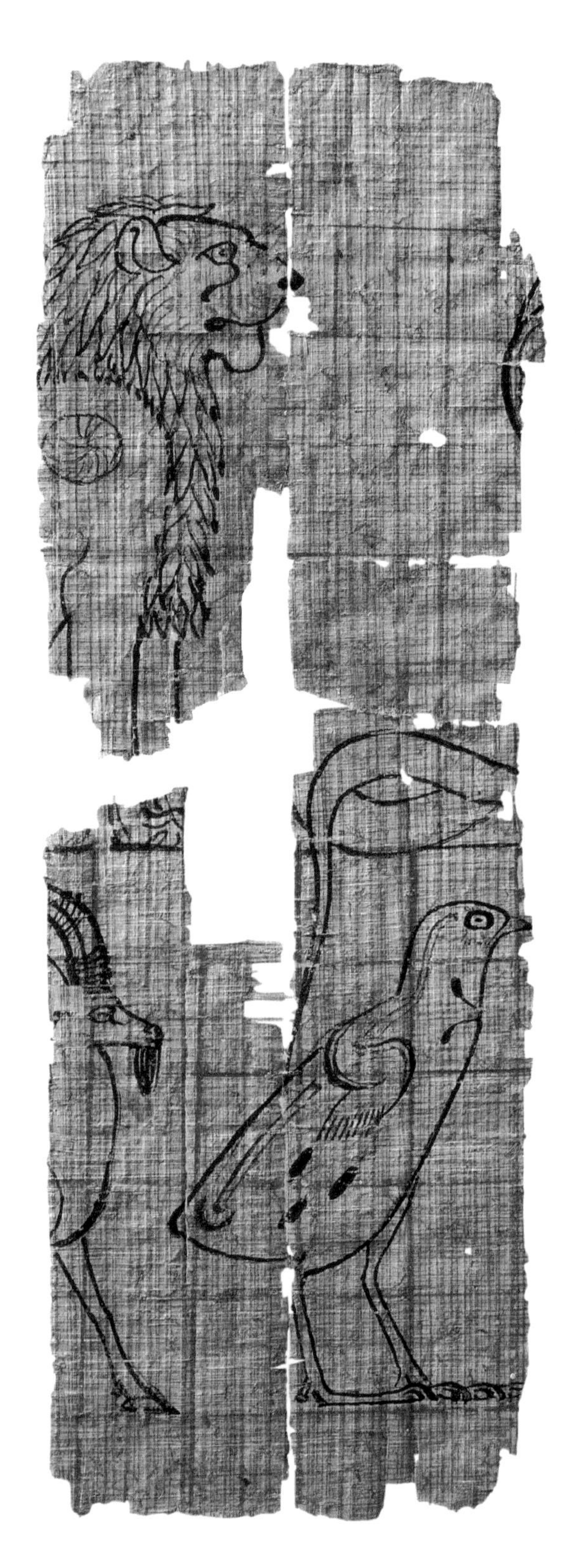

◀ 粗略的草图

书写材料不仅仅用来记载文献。一位艺术家用这张莎草纸来草绘鸟和动物。红墨水打的格子表明该图可能被试着复制到其他载体上，比如墙面

制作莎草纸

莎草纸是古埃及的一项发明。现在大多数的纸是由树浆制成的，然而古埃及的书写材料曾经都是由细长的、芦苇状的植物制成的。这些植物大都生长于尼罗河流域湿润的沼泽地带，其制成品被出口到中东和希腊。

从史前时代直到法老王时代，纸莎草的大灌木丛都生长在尼罗河流域的湿地和沼泽地，尤其是在那些三角洲地区。它是下埃及的代表植物，并且经常被描述为睡莲（上埃及的代表植物）来作为整个国家统一的象征。在一些有打猎和捕鱼场景的墓中壁画和浮雕上，展现了为鸟类和动物提供丰富生活栖息地的纸莎草丛。

一种万能的植物

古埃及人把这种从尼罗河的泥土中大量生长出来的芦苇看作是青春和欢乐的象征，同时人们也发现它有很多实际的用途。这种植物的根部可以作为蔬菜食用，含纤维的内皮不仅可以用来编制绳子、篮子和凉鞋，还可以被用来制成粗糙的帆布和穷人的缠腰带。

▶ 书吏

从第一个法老王时代开始，莎草纸卷被专门的抄写者即书吏们使用。他们使用细长的画笔和红、黑墨水在莎草纸上书写文献，有文化的书吏们都是文职官员和行政人员，而且这种职业通常都是世袭的，由父亲传给儿子。图中这个书吏坐在地板上，同时双腿盘坐着。书吏拿起纸卷放到膝盖上，然后在膝盖上滚动铺开，从左边膝盖一直铺到右边膝盖。当他在单卷上从右到左书写时，他的缠腰带就作为衬垫来使用

▼ **尼罗河岸**

环绕着尼罗河的泥泞河岸和沼泽地里充满了野生动物。它为迁徙的鸟群和当地的物种提供食物和栖息地。我们经常会在古埃及的坟墓绘画中看到纸莎草灌木丛中人们打猎和捕鱼的主题。像这样的图画甚至会出现在最早的古王国的坟墓中，这就是众所周知的石室坟墓

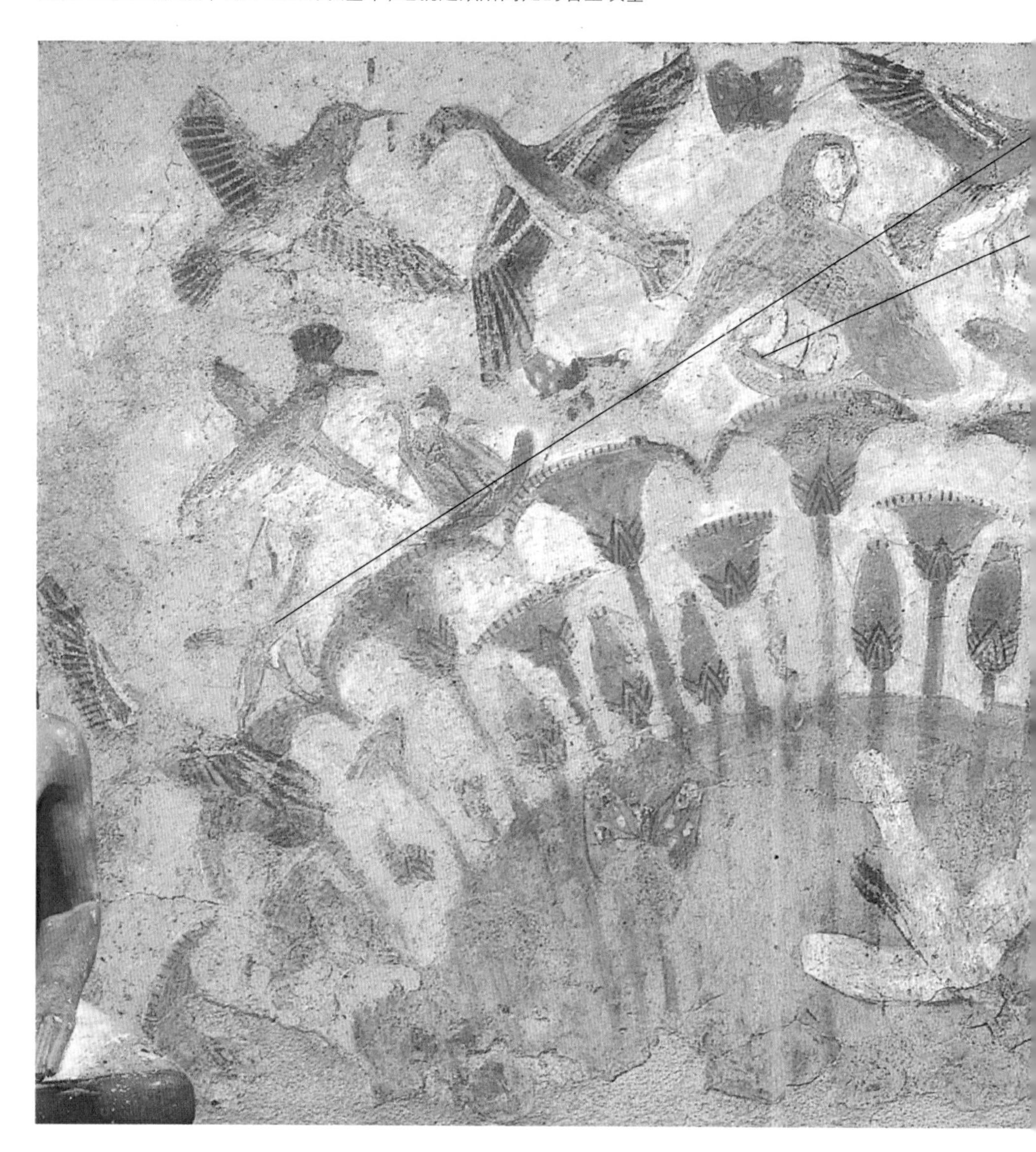

一只香猫(一种小的、类似于猫的食肉动物)正在纸莎草灌木丛中猎鸟

这只猫头鹰正在保护它的孩子,使它们远离潜在掠夺者的袭击

色彩鲜明的蝴蝶表明了在纸莎草灌木丛中丰富的昆虫物种

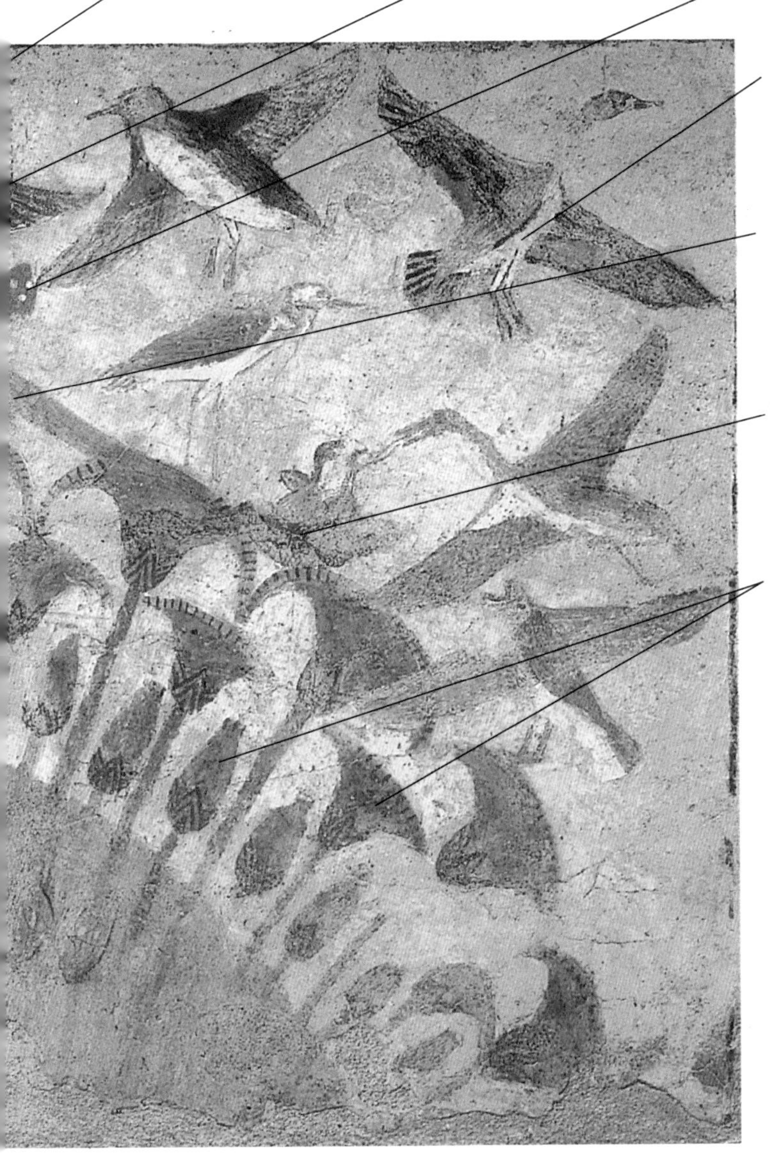

一只野鸭子从纸莎草芦苇中起飞

一只埃及獴(猫鼬的非洲亲缘动物)在芦苇床穿行,寻找小鸟、蛋类和蛇等食物

一些鸟在纸莎草枝头之间的芦苇层筑巢

纸莎草繁茂的枝头展现出它们生长的不同的阶段

▼ **程式化的装饰**

纸莎草的形象经常被用来作为装饰性图形。纸莎草降落伞形状的枝头会随着生长而改变形状,不起眼的花朵从莲座形叶丛的中心生长出来。莎草开放的花朵和关闭的蓓蕾图案同样出现在浮雕、绘画、护身符、珠宝首饰和建筑的石头圆柱上

▲ **纸莎草植物**

纸莎草是芦苇草家族的一员，它的茎干部分是三角形的，并且能长到3米高。曾经纸莎草在尼罗河的湿地中是很常见的，但由于日渐干涸的沼泽地和过度开发，如今的野生纸莎草生长区仅存在于埃塞俄比亚和苏丹的上游地带。在埃及的少数区域也有为游客参观而人工培育的纸莎草

相关链接 制作莎草纸卷

制作一个莎草纸卷是一项非常复杂的工程，它涉及很多技巧性的劳动。因为它的成本非常高，所以莎草纸过去常常被用于抄写重要的文件。书吏也会在羽毛、木头和最便宜的石头碎片或者陶片上书写。

1. 首先，把莎草的茎干切成长度大致相同的若干段，削掉外层。然后把内层的木髓纵向地切成条状。

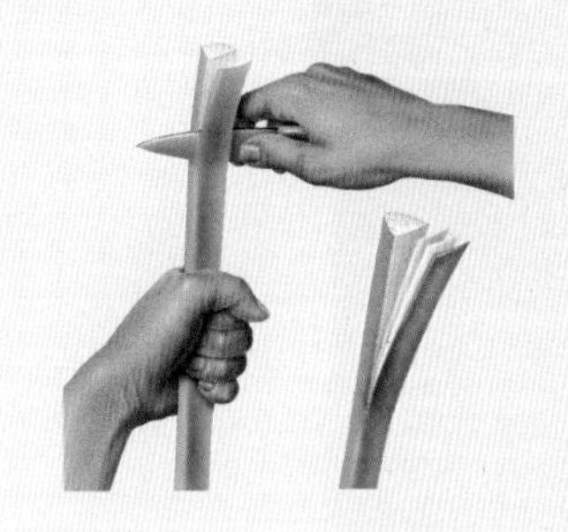

2. 将条状的莎草叠铺成双层，摆成一张莎草纸状。一条条彼此紧靠着，交织在一起。

3. 将两层条都弄湿，然后稳固地把它们压在一起。压倒纤维使这两层黏合在一起变为带有毛布纹理的单张薄片。这样在重压之下放置几天直到干燥为止。

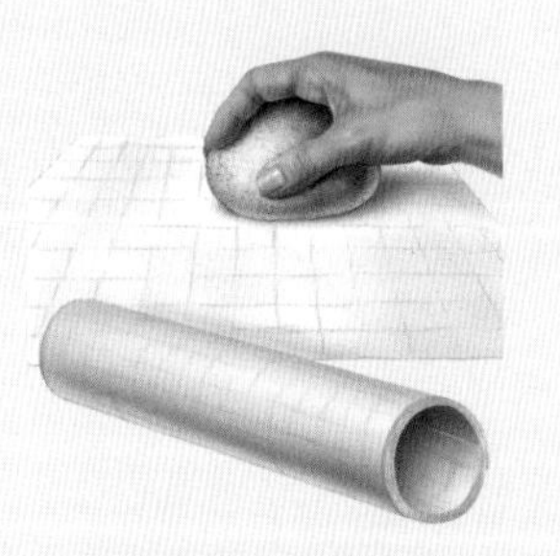

4. 为使莎草纸具有光滑的书写表面，最后一个步骤就是要用一块扁平的石头来磨，然后修整它们的边缘。再将做好的纸张黏结在一起做成一个卷以备将来使用。

收获纸莎草
完全长成的纸莎草已经被收获者挑选出
由纸莎草茎制成的**船**上扎捆着纸莎草绳，载着收获者穿过沼泽地

把刚切下来的纸莎草茎绑在一起送上河岸

泥泞的、浸满水的土壤为芦苇状的纸莎草植物提供了理想的生长环境纸莎草的茎干束可以被绑在一起用来制造轻便的小船，便于在浅水中狩猎，但是它不能持续航行太久，因为茎干会浸满水。

一种柔韧的材料

纸莎草最重要的优势就是它的吸水能力。纸莎草茎干的木髓可以被制造成一种精美的、白的、柔韧的书写材料。这种书写材料至少从第一个王朝时期开始（最古老的现存的莎草纸片是在一个大约公元前3000年的坟墓中发现的）直到4 000年后纸张的普及为止，一直都在古埃及使用。

◀ 珍贵的资源

莎草纸是文职官员记录经济贸易和文学作品最重要的书写材料。完成的莎草纸卷都被储存在罐子里以保护它们不受昆虫和气候的影响。文职官员们通常都只写一面，莎草纸卷非常昂贵，所以常常被重复利用。有时过了很久还会把它们找出来在反面写字

我们可以从植物的名称看出它的重要性。“莎草”起源于“pa-en-per-aa”，意思是“法老专属”。法老对这种产品和用来书写的莎草纸的销售具有垄断权。尽管在古代这种植物是由在塞浦路斯、巴勒斯坦和西西里岛的种子长成的，但是它天然的家园——古埃及，仍然是整个地中海地区精美书写材料的主要来源地。

奇怪的是很少有人确切地知道纸莎草是如何培植的，但是人们大多认为它就像现在一样，主要是在春天或夏天收获的。古埃及的壁画和浮雕展现了纸莎草茎干是如何被拖出水面，如何被切断并成捆地运往工厂的。

复杂的过程

新鲜的莎草都会被用来制造高质量的书写材料。茎干内侧部分的条形物被压缩成薄片，这薄片通常为45厘米长。然后这些薄片被绑在一起组成一个长度不等的卷。标准的莎草纸卷大约由20张莎草纸组成，也许会更多。已知最长的莎草纸卷长度超过40米。一般先书写莎草纸卷内侧的那面，另一面通常空着不用。

知识窗

今天的莎草纸

公元后第一个1000年里，莎草纸作为一种书写材料的功能慢慢被取代，首先是被羊皮纸取代，然后是被纸取代。不过今天游客能够买到的刻有古代图形的莎草纸，是用与古埃及类似的方法制造出来的。

神庙碑铭

对埃及古物学者来说，神庙墙壁上浮雕中的象形文字特别重要，因为这些象形文字记载了当时发生的事情。但是，如同那些雕像一样，象形文字并没有向我们提供多少它们最初所示的信息，因此对现代人来说，它们仍然很神秘。

古埃及的神庙与教堂或者清真寺不同，它不是宗教集会和祈祷的地方，普通的古埃及人是被禁止进入神庙的，浮雕上的象形文字也不是为了教育那些临时访客的。

在古王朝和中古时期，神庙碑铭的内容很有限，一般只能解释浮雕中所描绘的人物或者事件。只有到了新王朝时期，宗教著作、神秘的公式以及其他一些更世俗的内容才逐渐出现在浮雕上。而且从那时起，浮雕之间的每一寸地方都写满了象形文字。

▼ 康孟波神庙的浮雕

康孟波城位于阿斯旺的北面，以双神庙而著称，双神庙里的绝大部分浮雕都创作于托勒密七世尼欧斯・狄奥尼索斯（Neos Dionysos，公元前80—前51年在位）统治时期。法老的名字出现在椭圆形框里面，由神庙名义上的守护神保卫：一个是鹰神哈罗埃里斯（Haroeris），他是太阳神赫鲁斯的多种形貌之一；另一个是鳄鱼神索贝克（Sobek）

名字徽框内是辛努塞尔特和他的王族名字Kheperkara

在这块浮雕中，**太阳神阿蒙-拉**站在法老面前。这个碑铭读作“赞扬神四次”，是一项崇拜仪式的一部分

在这面隔墙的浮雕里，**古埃及的省**都被拟人化了，浮雕上面的象形文字列出了每个省的名字和面积

▲ 辛努塞尔特一世的白色小教堂

这座位于卡纳克城阿蒙神庙的管辖区之内的神殿，建造于辛努塞尔特一世（公元前1965—前1920年在位）统治期间，在新王朝时期（公元前1550—前1069年）中叶被拆除，它的原料——石头被用来填充神庙的第三个塔门。20世纪的后人重建了这座神殿。法老与阿蒙神面对面站着，在神殿周围方形石柱上的浮雕里，记载的是太阳神阿蒙-拉和阿蒙-米恩。这些象形文字不仅把法老跟诸神等同看待，而且还描述了法老跟诸神的日常交流

“他把它做成纪念碑献给他的父亲阿蒙，两个国家的法老。他给他父亲在神庙前面竖立了两个很高很大的方尖石碑，石碑顶上是一个黄金做成的小角锥，这象征着他祝愿父亲像太阳神拉一样永垂不朽。”

（摘自方尖石碑的碑文）

图特摩斯三世的名字下面是一个表示“两位女士”的记号，分别代表奈赫比特女神和瓦吉特女神，她们分别是上埃及和下埃及的守护神

图特摩斯五世（也就是把这块纪念碑竖立在卡纳克神庙的法老）**的名字**被刻在纪念碑一边的石柱上，这一边的中心刻着他祖父的名字

◀ **图特摩斯三世的方尖石碑**

这块第十八王朝的纪念碑上满满的文字讲述了它的历史。这块石头是在图特摩斯三世（公元前1479—前1425年在位）时期从阿斯旺的采石场里采出来的，但是图特摩斯三世在纪念碑竖起之前就去世了。这块纪念碑就一直躺在卡纳克的工场里，直到图特摩斯五世（石碑拥有者的孙子，公元前1400—前1390年在位）时期，他把自己的名字加进一个椭圆形方框中。图特摩斯五世把这块方尖石碑竖立在了神庙的东面。这块石碑高32米，是古埃及时代最高的石碑，现在竖立在罗马

神秘的力量

浮雕的内容讲述的是神庙的日常宗教仪式，比如，祭坛上供品的补给以及很多特殊场合的宗教仪式，有时候由法老亲自主持，而更多的时候，是由一个祭司以法老的名义主持。这种秘密的仪式是为了让法老永垂不朽，也是为了维持神创造的秩序。

古埃及人认为，把仪式的内容刻写在墙壁上能够加强仪式的力量，而象形文字有一种力量，可以使它所描述的仪式过程永垂不朽。即使宗教仪式慢慢减少，由于象形文字的巨大力量，宇宙依然会正常运转。

▶ **图像和文字**

在新王朝时期的神庙里，所有竖直的柱面上几乎刻满了宗教仪式浮雕，其中有关神和法老的彩色浮雕开始出现。拉美西斯三世位于麦迪那城的哈布神庙内祭坛的石柱上，有几处保存最好的彩色浮雕（见右图）。图右边，根据铭文描述，拉美西斯三世正在进献罐装的牛奶。图左边，根据名字和标志，可以判断接受进献的是阿蒙-米恩和伊西斯

迄今为止，神庙内浮雕最常见的内容是面对面站着的法老与神，以及一段简短的解释，介绍事情的来龙去脉。比如，法老在向神供奉，祈求神支持他并且保佑他的健康，法老的名字和头衔通常被圈在一个椭圆形框内。供品可能是物质上的，也可能是精神上的，经常在浮雕的题目上标明，比如“献祭白面包”或者“崇拜神”。

作为供品的回报，神会承认法老为最高统治者，并帮助法老在他的职权范围内统治埃及，赐给他生命、稳定、权力、健康以及最重要的——幸福。这个交换过程使神创造的秩序得以维持下去。

椭圆形的盾牌把法老征服的城市名字圈起来

在这堵被毁坏的墙壁上，**图特摩斯三世名号的椭圆形方框**依然可见，法老戴着下埃及的红色王冠

被征服的城市的名字写在被捆着的战俘的胸膛上，这些战俘被西方的一个女神牵着面向法老

跟神庙里举行的宗教仪式一样，浮雕及其铭文向人们提供了关于其他宗教活动的大量信息，比如喜庆日以及王室典礼，包括加冕礼、塞德节或者嘉年华。这一天法老会向臣民们再一次确认他的统治的合法性。

▼ 进献供品

下图是一座神庙圣殿内部一个密室中的浮雕，描述的是每天例行的仪式。图右，在卢克索，阿蒙霍特普三世（Amenhotep III，公元前1390—前1352年在位）正在向神庙内的阿蒙神进献牛肉，包括珍贵的牛前腿。在浮雕中，总是法老亲自执行典礼，但是实际上，经常是由一个位高权重的祭司代表法老执行这个典礼

◀ 战争纪录

卡纳克神庙的第七塔门是由图特摩斯三世建造的，上面的浮雕向人们呈现的场景是一个伟大的法老正在痛击他的敌人，传统上，这象征着秩序征服了混乱。但是，在这幅浮雕里，雕刻了被征服地区的人民，非常真实地重现了战争场景。这场战争是法老为了把它的帝国扩张到叙利亚－巴勒斯坦和利凡特地区而发动的

“关于上埃及和下埃及国王胜利的最初记录……他获得了哈梯（Khatti）和纳哈里纳（Naharina）、卡克米什（Karkemish）和卡迭石（Qadesh）的土地。”

（摘自卡迭石战役报告）

战争日志和法老颂词

在神庙浮雕中，比较世俗的主题是法老的军事扩张。每次胜利都象征着对永远威胁这个世界的邪恶力量的打击。而与浮雕相对应的铭文自然比进献供品的时候要更加详细和精彩。新王朝时期的法老，比如征服者图特摩斯三世、塞提一世及其儿子拉美西斯二世，甚至拉美西斯三世，都利用神庙的墙壁详细地描述他们的对外战争。

▼ **永远不变的风格**

在古埃及，所有神庙铭文一直都是用象形文字，即使在古埃及被波斯人、希腊人和罗马人统治的时候也是如此。后来，神庙铭文所表达的信息比早期的多得多，而且所有的象形文字的符号也由最开始的大约700个增加到了6 000多个。自公元391年神庙被弃用后不久，阅读这些象形文字的秘诀也丢失了

▲ **标注神的名字**

虽然有时候神庙浮雕中所描述的诸神可以通过他们的外貌或者头型来辨别，但是为了避免混淆，古埃及人总是在铭文中标明他们的名字。例如，许多神的头都是鹰头。上图中的神是赫鲁斯，女神伊西斯的儿子。在辨别女神哈索尔（Hathor）和伊西斯的时候，铭文也是必要的，因为她们俩经常穿着同样的衣服，梳着同样的发型

棺材铭文

棺材铭文以其作为典礼的铭文及其神秘的符咒而著称于世。它出现于第一过渡时期(公元前2181—前2055),结束于中古时期(公元前2055—前1650)。这种铭文使得普通百姓也能享受与法老同等的葬礼以及相同的来生。

棺材铭文是大约1 000个关于宗教本义的符咒,第一过渡时期和中古时期,棺材铭文一般是写在木棺上的象形文字或者草书。这种雕刻铭文的棺材绝大部分是在中埃及和上埃及的大墓地中发现的。

棺材铭文的目的是为了帮助死去的人找到通往来生的路,它描述的内容有宗教仪式、赞美诗、祈祷以及神秘的符咒。棺材铭文起源于金字塔铭文,金字塔铭文是古王朝时期刻在金字塔内壁上的一系列晦涩难懂的符咒。金字塔铭文只有法老及其亲属才能使用,棺材铭文主要是贵族和位高权重的官员以及那些能够负担得起雕刻费用的普通百姓使用。棺材铭文表明,任何人,无论其处于什么阶层,只要有这些形状各异的符咒帮助,都可以找到通往来生的路。

▲ **美热卢(Mereru)的棺材**

这具棺材发现于艾斯尤特(Asyut)省(上埃及的一个省)省长的墓地中。它的内部除了棺材铭文之外,还有象形文字和描述来生日常生活用品的多幅绘画。包括盾牌、箭囊、一张弓和几支箭,在它们上面画着一张桌子,桌子上放着两只大浅盘,盘子里各有一只煮熟的鸭子

► **祭品的规则**

"法老赠与的礼物"是请求带给死者供品的祈祷。它经常被刻在棺材的表面,如右图。一般来说,规则的第一条是请求法老赠与欧西里斯或者阿努比斯礼物,然后下面列出所需要的各项食品和饮料

◄ **阿蒙涅姆赫特三世(AmenemhatⅢ)的金字塔**

人们至今仍然不知道中古时期(公元前2055—前1650)法老的棺材铭文是什么。这个时期大部分的法老都埋葬在金字塔里面,比如阿蒙涅姆赫特三世(公元前1855—前1808年在位)于哈瓦拉(Hawara)的陵墓,在他被埋葬后不久就被盗墓贼盗了。他的木棺以及铭文也被盗墓贼烧掉了

▼ 法老克努姆霍特普的棺材

这位古埃及第十二王朝早期统治者的木棺内部绘有供奉的食物，并且雕刻了棺材铭文。木棺的外部装饰着一排排或横或纵的象形文字，还有两只乌加特之眼（赫鲁斯之眼）。这些东西画在朝东的一边，大概和头部的位置齐平，这可以让死者看到外面的世界

象形文字是为了帮助死者找到通往来生的路

由耐用木材制成的**棺材**是死者永恒的归宿

乌加特之眼（**赫鲁斯之眼**）能够让死者看到他生活过的世界以及早晨升起的太阳

知识窗

来生的民主生活

在古王朝时期(公元前2686—前2181),只有法老才能在来生(亡灵)的世界拥有立足之地。他们死后先向欧西里斯验明身份,然后就转换成一位神仙,由符咒(比如那些金字塔铭文里的符咒)帮助他进入来生。

由于内战和政治不稳定,古王朝崩溃了,省政府(或者说省长)的权力随之大大增加。他们举行了一些本来只有法老才能举行的宗教仪式,希冀在死后可以获得葬礼铭文,这样,死后他们也能够找到通往来生的路。本来这只是法老的特权。从此以后,从第一过渡时期(公元前2181—前2055)到中古时期(公元前2055—前1650),省长们死后都葬在他们自己的墓地里,他们的棺材上雕刻有安葬的符咒,比如第十二王朝时期艾斯尤特省的省长。这些符咒有些来自王室的金字塔,有些则来自其他宗教。

普通百姓当然也想找到通往来生的路,利用与法老和权贵相同的宗教仪式和神秘符咒,来克服诸多困难,避免沦落于地狱。逐渐地,在中古时期,棺材铭文变得越来越普遍了。

在后来的棺材铭文中,还出现了一种金字塔铭文中没有的特色,那就是栩栩如生的小插图。到了中古晚期,棺材铭文就被废止不用了,取而代之的是一种新的来生指南——《死亡之书》。

棺材铭文不仅出现在棺材上,有时候也出现在墓室的墙上以及莎草纸卷轴和木乃伊面具上。这些铭文通常用黑色笔写成。

因为不可能在一具棺材上写上所有铭文,墓主可以选择在墓中其他地方续写铭文。某些符咒的使用次数比其他符咒多得多,逐渐的,就成了某一特定墓地的铭文。比如,底比斯地区阶层高的人都使用欧西里斯的符咒,而中埃及的埃尔博沙地区主要使用《二日之书》(*Book of Two Days*)里的铭文,这本书是一种阴间指南之类的书。

通往阴间的道路

《二日之书》的内容是通过一张地图来解释阴间的道路和运河,这是死者获得重生之前必须经历的旅行。如果熟记符咒并且拥有地图,死者就可以像以前的法老一样,克服阴间的重重困难,得到永生。

相关链接 从棺材铭文到《死亡之书》

棺材铭文是新王朝时期（公元前1550—前1069）的《死亡之书》的灵感之一。在新王朝时期，人们已经把咒符写在莎草纸卷轴上。有些规则要人们“不承认以前犯过错”，这在《死亡之书》更高级的版本里可以找到。死者必须否认生前犯过错，在神证明他的清白之前，要先接受神的法庭审判。只有他否认以前犯过错这个申明被接受了，死者才能够获得永恒的生命。

有些棺材上描绘了阴间的地图，里面有各种各样的恶魔。与地图对应的铭文（即著名的《二日之书》）里有精确的指导，比如，怎么克服这些恶魔所带来的危险。从第二过渡时期（公元前1650—公元前1550）开始，棺材铭文的“指导”功能逐渐变得越来越重要，最后都收编在《二日之书》里，而《二日之书》的使用范围也比棺材铭文广泛得多。

就像这幅第二十一王朝的莎草纸中（下图）所描述的那样，铭文旁边有插图解释。

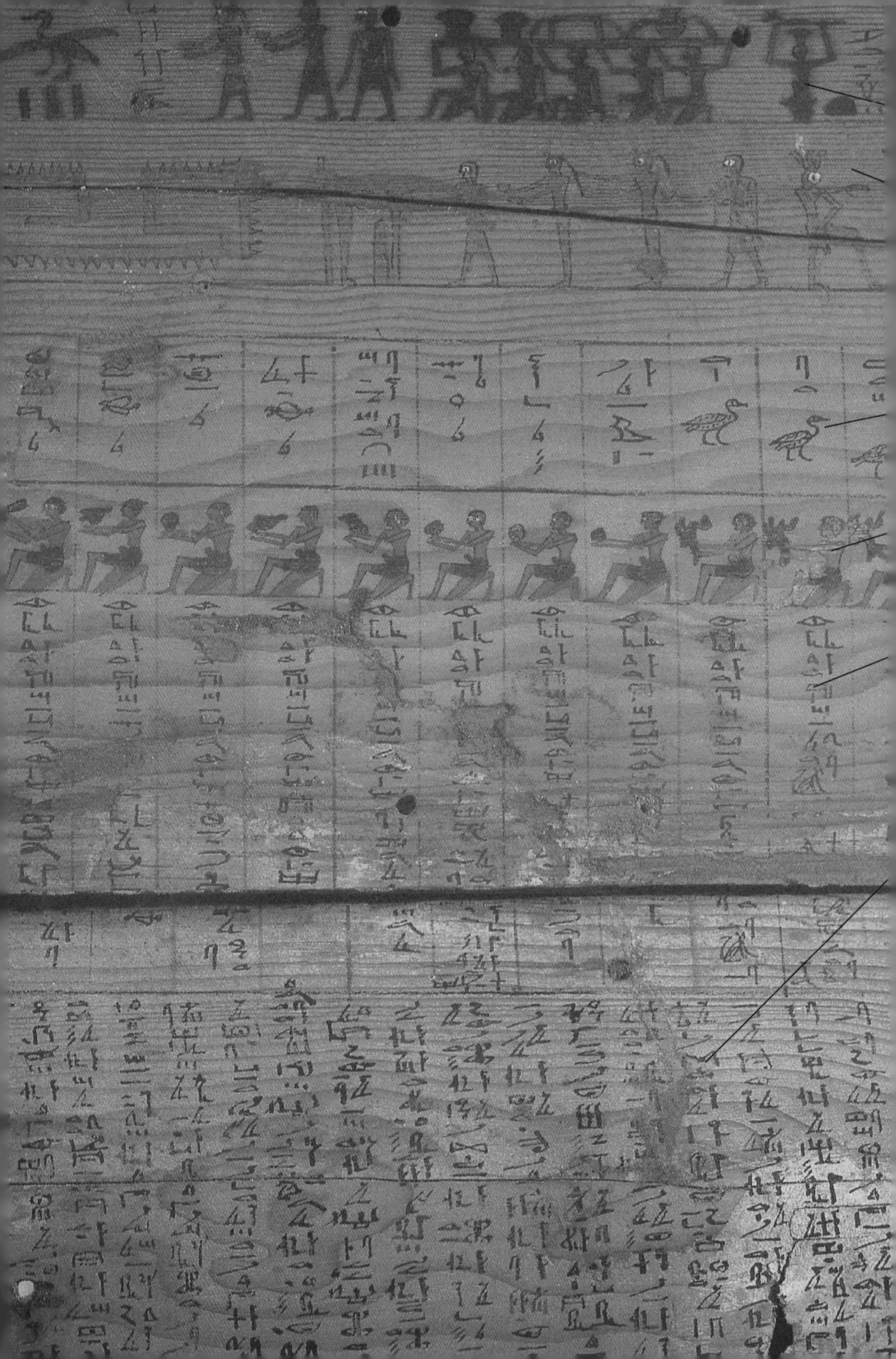

在葬礼进行过程中，人们拿着供逝者来生用的供品和坟墓中的摆设

图解和文字直接写在棺材的内壁上

铭文的颜色绝大部分都是黑色，标题是红色，跟莎草纸上的描述一样

两栏文字之间的**水平壁缘**上描绘的是手里拿着各种各样供品的人们

竖栏里列举了死者来生所需要的各种物品

正文是用草体的象形文字写的，草体象形文字很像僧侣体文字，但是稍微有些不同

◀ **伊克（Iqer）的棺材**

这具来自第十二王朝的棺材出土于底比斯南部城市吉伯来（Gebelein），吉伯来是中古时期一座哈索尔神庙所在地。这具棺材外表已经被毁坏，只有内部保存了下来。内部的装饰有水平的壁缘[1]，画的是手里拿着供品的人以及葬礼的场景

[1]壁缘：沿内墙壁的上部装饰的水平饰带。——译者注

知识窗

棺材铭文里的神

棺材铭文中出现的神主要是和“创造”有关的，特别是供奉在赫利奥波利斯（Heliopolis）的造世主太阳神拉。盖布（Geb，大地之神）和努特（Nut，天空之神），休（Shu，空气之神）和泰芙努特（Tefnut，雨水之神）也经常被放在醒目位置。此外，常见的还有奈芙蒂斯（Nephthys），伊西斯和欧西里斯以及他们的儿子赫鲁斯。最危险的敌人是阿波菲斯（Apophis），一条巨大的毒蛇，他代表着混沌和邪恶的力量。哈索尔女神也出现在吉伯来（Gebelein）的棺材铭文里，因为她是这个地区的主神。

作为冥神和来世之神，欧西里斯很频繁地出现；而且作为葬礼大众化的一部分，死者本人有时候会以欧西里斯的身份出现。

在某些铭文中还涉及神话中的其他造物主，比如赫尔莫波利斯·玛格纳（Hermopolis Magna）神系，把创造世界归功于四对以蛇和青蛙的形象出现的神仙，分别表示创世之前混沌世界的四个方面。

图中伊西斯跪在地上，举起两只胳膊。这种保护性的姿势经常在棺材铭文中出现

死神欧西里斯是人们最熟悉的棺材铭文主题之一

书吏

古埃及繁荣昌盛的基石在于有一套分级、中央集权制度和遍布全国的官员网络。这些官员们每天在无数张莎草纸上计算账目、记录有用的信息，他们为后人提供了了解古埃及社会和经济生活等方面的第一手信息。

古埃及最早记录的内容都带有官方色彩：在早期王朝时期，书吏们用小标签记录法老坟墓里的物品。最初，书吏们只能简单地在陶片、石块上记录，随着莎草纸的使用，重要的文件就记录在莎草纸上。这些文件存放在政府部门或者神庙的档案室内，神庙与政府部门互不隶属，它们各有一套自己的官僚系统。写在莎草纸上的所有文件都是用草体的僧侣体或者俗体（从公元前7世纪开始）写成的。相对来说，正式的象形文字就显得很笨拙，满足不了日常记录的需要。

◄ 无处不在的书吏

人数众多的书吏是保证国家机器流畅运行的纽带，他们总是随身携带颜料和毛笔

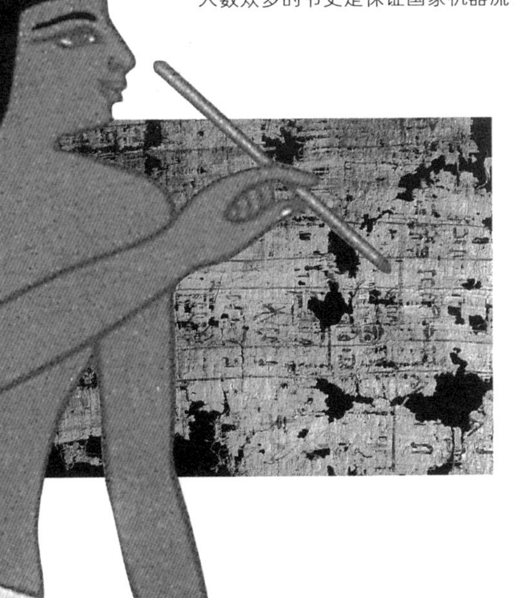

◄ 长卷轴

行政用莎草纸由边长大约20厘米的小正方形组成。人们把这些小正方形莎草纸一张张粘在一起，就可以得到一个莎草纸卷轴。卷轴可以接很长，这样书吏能够把他记住的事情完整地书写下来

所有记录的信息，最终都归入维齐尔的办公室。在那里，书吏们校对、整理并且对所有莎草纸上的记录进行分类，包括官员的职位以及土地的安置；每年一度的洪水级别；税收的征收；官员的政绩和述职报告，还有司法辩论的结果等。

▶ 早期的僧侣体文字

位于阿布西尔（Abusir）城第五王朝法老耐弗瑞卡拉（Neferirkara）（公元前2475—前2455年在位）陵墓出土的莎草纸书记录，是迄今为止人们所知道的最早用僧侣体记录的文件。那个时候，虽然僧侣体已经从象形文字中独立出来并成为一种新的字体，但是它们的符号与象形文字的符号依然很相似

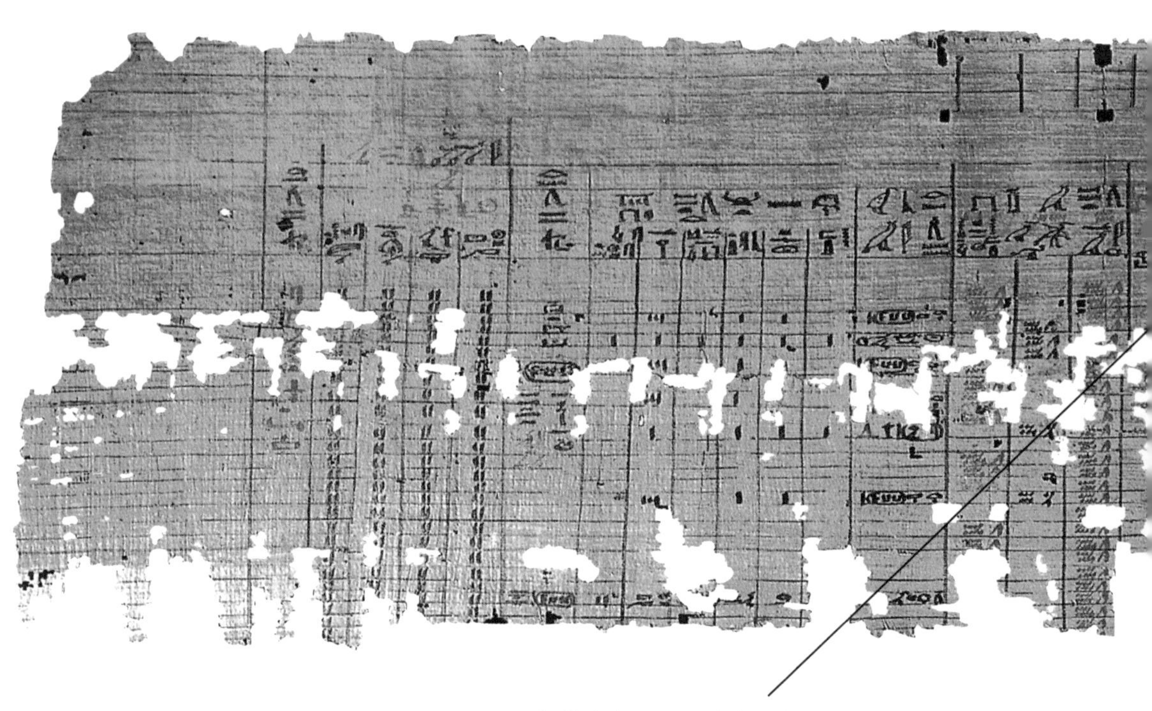

水平的这一行记录的是供品，而垂直的那一列则记录供品的数量。根据古埃及的规定，水平的那一行要从右往左读

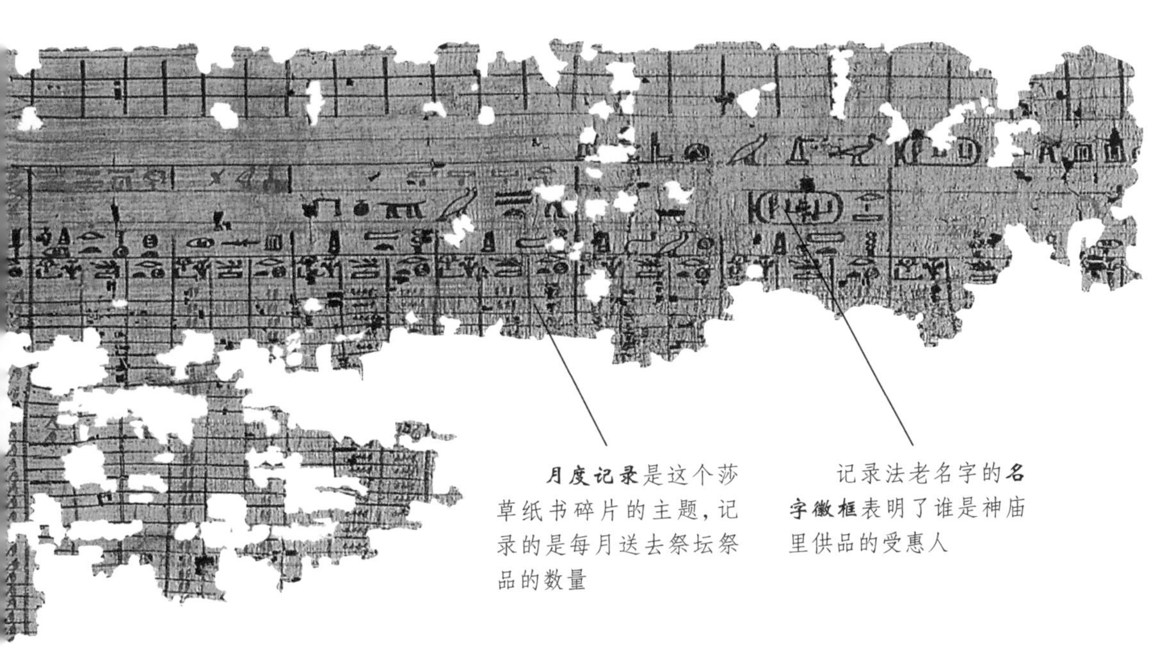

月度记录是这个莎草纸书碎片的主题，记录的是每月送去祭坛祭品的数量

记录法老名字的**名字徽框**表明了谁是神庙里供品的受惠人

▲ 阿布西尔莎草纸书

法老耐弗瑞卡拉的陵墓位于阿布西尔城，阿布西尔城在塞加拉的北边。从他的陵墓中出土的众多行政用莎草纸上记录的都是有关神庙的事情。包括神庙提供的食品、油膏和布料的记录，以及描写神庙里的祭司如何安排日常生活的记录。这些祭司们受益于耐弗瑞卡拉在阿布罗阿希附近建造的太阳神庙。在那个时代，书吏们已经建立了用红笔而不是黑笔强调重要信息的传统

▲ **阿布西尔神庙**

阿布西尔陵区的每座金字塔都有自己的祭坛，每座祭坛都设有一位祭司和一位行政官员为死去的法老服务

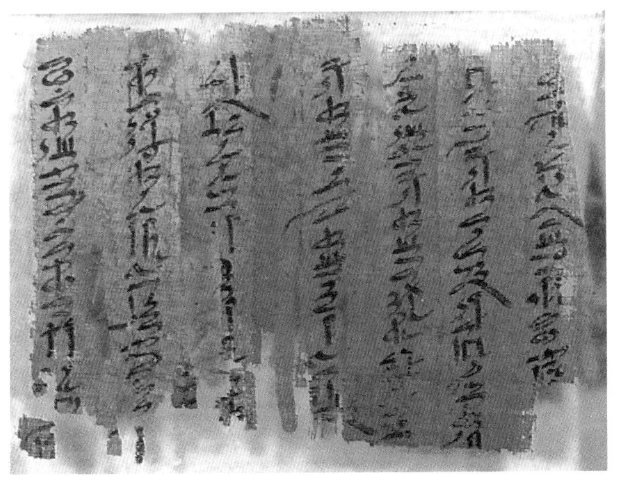

◀ **僧侣体文字的进化**

这份来自新王朝时期底比斯神庙档案馆的文件显示了僧侣体文字从古王朝到新王朝时期的变化

附：古埃及历史年表*

（含部分法老在位时间）

前王朝时期：公元前5500年—公元前3100年

内加达文化第一阶段（又称阿姆拉时期）：公元前4000年—公元前3500年

内加达文化第二阶段（又称格尔塞时期）：公元前3500年—公元前3100年

早期王朝时期：公元前3100年—公元前2686年

第一王朝：公元前3100年—公元前2890年

第二王朝：公元前2890年—公元前2686年

古王朝时期：公元前2686年—公元前2181年

第三王朝：公元前2686年—公元前2613年

萨那赫特：公元前2687年—公元前2667年在位

乔赛尔：公元前2667年—公元前2648年在位

第四王朝：公元前2613年—公元前2494年

斯尼夫鲁：公元前2613年—公元前2589年在位

胡夫：公元前2589年—公元前2566年在位

迪耶迪夫拉：公元前2566年—公元前2558年在位

哈夫拉：公元前2558年—公元前2532年在位

门卡拉：公元前2532年—公元前2503年在位

谢普塞斯卡弗：公元前2503年—公元前2498年在位

第五王朝：公元前2494年—公元前2345年

第六王朝：公元前2345年—公元前2181年

---

* 古埃及历史悠久，年代划分尚无定论，本表为一家之说，谨供读者参考。——编者注

特提：公元前2345年—公元前2323年在位

佩皮一世：公元前2321年—公元前2287年在位

第一过渡时期：公元前2181年—公元前2055年

第七和第八王朝：约公元前2181年—公元前2160年

第九和第十王朝：约公元前2160年—公元前2055年

中古时期：公元前2055年—公元前1650年

第十一王朝：公元前2055年—公元前1991年

曼图霍特普二世：公元前2055年—2004年在位

第十二王朝：公元前1985年—公元前1795年

辛努塞尔特一世：公元前1965年—公元前1920年在位

辛努塞尔特二世：公元前1880年—公元前1874年在位

第十三王朝：公元前1795年—公元前1650年

第十四王朝：公元前1750年—公元前1650年

第二过渡时期：公元前1650年—公元前1550年

第十五至十七王朝：约公元前1650年—公元前1550年

新王朝时期：公元前1550年—公元前1069年

第十八王朝：公元前1550年—公元前1295年

图特摩斯一世：公元前1504年—公元前1492年在位

图特摩斯三世：公元前1479年—公元前1425年在位

哈塞普苏女王：公元前1473年—公元前1458年在位

阿蒙霍特普二世：公元前1427年—公元前1400年在位

阿蒙霍特普四世（阿肯纳顿）：公元前1352年—公元前1336年在位

图坦卡蒙：公元前1336年—公元前1327年在位

霍伦海布：公元前1323年—公元前1295年在位

第十九王朝：公元前1295年—公元前1186年

塞提一世：公元前1294年—公元前1279年在位

拉美西斯二世：公元前1279年—公元前1213年在位

第二十王朝：公元前1186年—公元前1069年

拉美西斯三世：公元前1184年—公元前1153年在位

拉美西斯六世：公元前1143年—公元前1136年在位

拉美西斯九世：公元前1126年—公元前1108年在位

拉美西斯十世：公元前1108年—公元前1099年在位

拉美西斯十一世：公元前1099年—公元前1069年在位

第三过渡时期：公元前1069年—公元前747年

第二十一王朝：公元前1069年—公元前945年

苏森尼斯一世：公元前1039年—公元前991年在位

苏森尼斯二世：公元前959年—公元前945年在位

第二十二王朝：公元前945年—公元前715年

舍松契一世：公元前945年—公元前924年在位

奥索孔一世：公元前924年—公元前889年在位

第二十三王朝：约公元前818年—公元前715年

帕迪巴斯特：公元前818年—公元前793年在位

第二十四王朝：约公元前727年—公元前715年

古埃及末期：公元前747年—公元前332年

第二十五王朝：公元前747年—公元前656年

第二十六王朝：公元前664年—公元前525年

第二十七王朝：公元前525年—公元前404年

第二十八王朝：公元前404年—公元前399年

第二十九王朝：公元前399年—公元前380年

第三十王朝：公元前380年—公元前343年

第三十一王朝：公元前343年—公元前332年

古希腊—罗马时期：公元前332年—公元395年

托勒密王朝时期：公元前332年—公元前30年

托勒密一世：公元前305年—公元前285年在位

托勒密五世：公元前205年—公元前180年在位

托勒密七世：公元前80年—公元前51年在位

罗马时代：公元前30年—公元395年